JN026606

物理学実験

大阪工業大学　工学部　一般教育科
物理実験室　編

学術図書出版社

目　　次

1. はじめに

物理学実験での目的は以下の (1) ～ (4) の通りである．

(1) 基本的な物理現象や法則を理解する．

(2) 実験技術の基礎を習得する．

(3) データの取り扱い方を習得する．

(4) 実験レポートの作成方法を習得するとともに，自分の考えをまとめる能力を身に付ける．

物理学実験を受講することにより，21 世紀型市民にふさわしい豊かな人間力を備え自立したエンジニアとなるための基本的技術・知識を身に付け，人間的成熟の第 1 ステップとなることを期待する．物理学実験は複数の学生との共同作業を通して行う．何事も気ままに行ってよいのでなく，最低限のルールに従い，礼儀（マナー）をもって実験に取り組む必要がある．さらに，データの捏造・改ざん，レポートの盗用など技術者倫理に反する行為を行わないことが求められる．

物理学実験では，まず予習をすることから始まる．その実験での目的と学習すべき内容はいかなるものか，どのような原理に基づいて測定を進めるのかといった事柄を把握する．教科書をよく読み，少なくとも実験題目・目的をノートに記載し，実験の概要を理解した上で当日の実験にのぞむべきである．前もって実験内容を理解しておけば，手際よく実験が進むであろうし，物理の理解を深めることができる．

物理学実験では，実験のテーマは与えられているが，未だに誰も行っていない実験として立ち向かうべきである．実験を行うにあたっては，現象をよく観察し，正確に測定し，物理的に意味のある結果を得なければならない．そのために実験装置の取り扱い方を熟知する必要がある．さらに手際よく実験を進め完成させるには，得られた実験データの実験目的に対する意味合いを考えながら実験を行う必要がある．そのためにはグラフや表を活用し，データ整理も計測作業と並行して行うべきである．また，データの精度，有効数字についても注意が必要である．基本的な実験だからもう改良の余地はないと考えず，たえず創意工夫を心がけることも大切である．企業や研究所などで使われている高度な実験装置の中身は基本的な装置の組み合わせや応用である場合が多い．諸君は将来，実験装置を単に操作するだけの技術者ではなく，その装置の原理を理解できる技術者，その装置を作ることができる技術者を目指し，実験に取り組んでもらいたい．

実験は単に行っただけでは不十分であって，実験レポートを作成し，それを社会に報告しなければ実験が終了したことにはならない．よりよいレポートの作成には構成やまとめ方を学ぶだけではなく，正確な文章表現能力，作図・作表能力も習得しなければならない．また，実験データを用いた物理量の算出，結果の評価，誤差の取り扱い方などを理解する必要がある．この授業を通して，物理の実験として意義のあるレポートが書けるようになってもらいたい．レポートを書いて実験を成し遂げた充実感は快いものである．将来，諸君が実験結果を世に発表して科学の発展に貢献することを大いに期待している．大志をもって物理学実験を学ぼう．

2. よりよい実験を行うために

2.1. 測定精度（有効数字）を考える

実験で得られる測定値は物理量と呼ばれる．その物理量は量的部分を表す数値と質的部分を表す単位とから成り立っている．その表し方は，物理量＝数値×単位となる．ただ単に数値だけを測定するのでなく，質的な部分を組み合わせた状態すなわち単位も含めて測定することが重要である．たとえば，1 m と 1 kg とでは数値は 1 と同じであるが前者は長さであり後者は質量とまったく違う物理量を表している．数値は測定により得られるので誤差を考慮する必要がある．誤差は得られた結果の信頼性を表す．誤差は「6. 誤差」に書かれている．簡単に誤差を見通すために有効数字という概念がある．有効数字については「5. 有効数字」に書かれている．必要とする結果の精度を考え，それに応じた測定をしなければならない．そのことについては「5.3. 有効数字を考えた測定」に書かれているので，よく理解することが大切である．

2.2. グラフを利用する

グラフは実験結果を表すために重要であるがそれだけではない．実験を進めるにあたって，データをグラフにプロットしながら実験を行うことも重要である．たとえば，時間とともに温度上昇を測定するというように，ある物理量間の連続的な相関関係を測定する場合に描く．グラフを描くことによって，いま読み取ったデータが納得いくものかどうか，あるいは次の測定点をどこに定めるべきか，またその測定値はどのくらいの値になりそうなのか判断しながら実験を行う．つまり，実験の経過をよく観察しながら実験を進めるということである．測定間隔も変化の急な箇所は測定点を多くする必要があることも一目瞭然である．全データをとり終えた後にグラフを描いたのではいま述べた利点が発揮できないので注意が必要である．グラフについては「4. グラフ」に記載されている．

2.3. すぐ概算を行う

実験中は常に目的とする物理量が得られる実験を行っているかをチェックしながら行う．そのためには，やみくもにデータをとるのでなく目的とする間接物理量（結果）をすぐに計算してみる．計算は概算でよい．概算のやり方は，有効数字の桁数を 1～2 桁で計算することである．有効桁数 1 桁の計算ならすぐできるであろう．このとき平均や移動平均などは略してよい．データのとり方もすぐ概算ができるように考える．いずれにせよ，行っている実験がうまくいっているのかどうかを概算で見当を付けながら実験を行う必要がある．全データをとった後，結果の概算をして初めて実験の失敗に気付くことが多々見受けられるので注意する．そのために，関数電卓を用意し計算をすばやく行い，単純な計算は必要桁数全部計算するよう心がける必要がある．

2.4. 実験専用ノートを作る

ノートには予習として目的，簡単な原理を書いておく．何を測定してどんな結果を得ればよいのかもわかれば調べておく．実験では，実験日時，天候，気温，湿度，気圧などのデータを書く．測定したデータを表の形式で記録する．ただ数字だけ書くのではなく，それが何を意味するのかもきちんと書いておくこと．きれいに書く必要はないが共同実験者も利用することがあるので誰もがわかる程度に書く．そのほか途中の計算，計算結果，メモ，実験中に気が付いたことなど，すべてノートに書く．綴(と)じられていないバラ紙にデータ等を書いたりすると，散逸して失いやすいので使用してはいけない．ノートを見て報告書を書くのである．ノートを見れば実験のすべてがわかるようにしておくことである．

2.5. 物理量の単位

物理学に現れる諸々の物理量は，3つの基本的物理量の組み合わせで与えられる．
すなわち，《距離》《質量》《時間》である．
それぞれの量を示す単位を統一するのが望ましい．

☆国際的に標準に使用される単位系（MKS単位系）

《距離：m》《質量：kg》《時間：sec》

現在，MKS単位系と電流をAで表すという単位系（電磁気学分野）を合わせたMKSA単位系が，分野を問わず，国際的な標準となりつつある（SI単位系）．物理学実験においても，MKSA単位系を使用する．

補助的に使用される単位系（cgs単位系）

《距離：cm》（質量：g》《時間：sec》

名　前	文字・定義	MKS単位系	cgs単位系
距離，位置	l，x，y，z	m	cm
質　量	m，M	kg	g
時　間	t	sec	sec
面　積	S	m^2	cm^2
体　積	V	m^3	cm^3
速　度	$v = dx/dt$	m/s	cm/s
加速度	$a = dv/dt$	m/s^2	cm/s^2
運動量	$p = mv$	kg・m/s	g・cm/s
エネルギー	$K = mv^2/2$　他	$kg \cdot m^2/s^2$（J）	$g \cdot cm^2/s^2$（erg）
仕事率	$P = dK/dt$	$kg \cdot m^2/s^3$（Watt）	$g \cdot cm^2/s^3$
力	F（$= ma$）	$kg \cdot m/s^2$（N）	$g \cdot cm/s^2$（dyne）
圧　力	F/S	N/m^2（Pa）	$dyne/cm^2$

※ J：Joule，Watt = J/sec，N：Newton，Pa：Pascal

電磁気関係　　電圧：V，電流：A，抵抗：Ω，電力：Watt＝V･A

単位系の換算（cgs と MKS）

$1\ \mathrm{dyne} = 1\ \mathrm{g \cdot cm/s^2} = 10^{-5}\ \mathrm{kg \cdot m/s^2} = 10^{-5}\ \mathrm{N}$

$1\ \mathrm{dyne/cm^2} = 10^{-5}\ \mathrm{N}/10^{-4}\ \mathrm{m^2} = 10^{-1}\ \mathrm{N/m^2} = 10^{-1}\ \mathrm{Pa}$

$1\ \mathrm{erg} = 1\ \mathrm{g \cdot cm^2/s^2} = 10^{-7}\ \mathrm{kg \cdot m^2/s^2} = 10^{-7}\ \mathrm{J}$

参　考：主に 10^3 ごとに付ける接頭語

10^3	k（キロ）	10^{-3}	m（ミリ）
10^6	M（メガ）	10^{-6}	μ（マイクロ）
10^9	G（ギガ）	10^{-9}	n（ナノ）
10^{12}	T（テラ）	10^{-12}	p（ピコ）
10^2	h（ヘクト）	10^{-2}	c（センチ）

注　意：実験室における測定では，測定器の示す単位は必ずしも MKSA 単位系になっていない場合が多い.

（例）　質量（g），長さ（cm，mm）など

測定時には，測定器の示す単位で，測定値を記録すればよい．データを整理する段階で MKSA 単位系に変換する

（例）　試料の質量 m と長さ ℓ を測定して，$\frac{m}{\ell}$ という量を算出する場合

$m = 12.3\ \mathrm{g}$（測定時）$= 12.3 \times 10^{-3}\ \mathrm{kg}$（データ整理時）

$\ell = 45.67\ \mathrm{cm}$（測定時）$= 45.67 \times 10^{-2}\ \mathrm{m}$（データ整理時）

$$\frac{m}{\ell} = \frac{12.3 \times 10^{-3}\ \mathrm{kg}}{45.67 \times 10^{-2}\ \mathrm{m}} = 2.69\not{3} \times 10^{-2}\ \mathrm{kg/m}$$

一方，測定時の単位（cgs 単位系）で同じ計算を行った場合，

$$= \frac{12.3\ \mathrm{g}}{45.67\ \mathrm{cm}} = 0.269\not{3}$$

となるが，$\frac{m}{\ell}$ を cgs 単位系で計算した後に，電磁気学分野の量を加えた計算が出た場合，MKSA 単位系への換算が難しくなるので，$\frac{m}{\ell}$ を計算するときに，あらかじめ，MKS 単位系で計算する必要がある.

3. レポート（Report）

3.1. レポートについて

実験は（理論的な仕事でも同様であるが）行ったのみではいけない．行って自分一人その結果を得ても，それでは他の人にわからない．われわれは，何か仕事をしたら，これを何らかの形で社会に報告しなければならない．報告をしたとき，初めてその仕事をしたことになる．したがって，学生実験でも，実験後その報告書を提出して初めて実験したことになる．報告書が提出されて実験が完了したことになる．

将来，社会に出てから必ず報告書や論文を書く必要があるから，そのための訓練の意味も含めて，報告書を書くことに十分力を注いでほしい．

レポートを書く上の根本的な方針は，自分のしたことや主張を第三者（まったくその実験を知らない人）に十分理解してもらえるように書くことである．レポートは自分と同等あるいは自分より高い知識の人にもわかる程度に書くよう心がければよい．また，レポートは読む人が容易に理解しうるように書くことはもちろんであるが，できるだけ整理し簡潔でなければならない．「簡にして意を尽す」ことが大切である．

3.2. 実験報告書についての注意

報告書の形式に規定はない．実験報告書を書くのは初めてのことと思われるのでおよそ次のような内容で作成する．これに習熟した後には自分の方式により書けばよい．

1）物理学実験報告書の形式

（1）用紙の大きさはA4とし，上綴じとする．ホッチキスで綴じるときは2,3ヵ所で止めよ．

（2）表紙は整理の都合上，実験室に備え付けの規定のものを使うこと．

2）物理学実験報告書の内容

表紙に実験題目，報告者などを書く．

報告書の内容は次のような項目とする．

（1）日　時（天候等）

（2）目　的

（3）原　理

（4）実験装置，器具

（5）実験方法（測定方法）

（6）測定結果

（7）結　論

（8）検討と考察

報告書を書くときに，書き出しの表題として上記項目を書いておくこと．

次に各項目の内容を説明する．基礎実験B「金属棒の密度の測定」では報告書の例が記載されているので参考にすること．

(1) 日　時（天候等）

実験した日時，天候，気温，気圧，湿度（乾球，湿球のデータ）などを記録しておく．天候などは特に必要がないと思われるが，後日の参考となることもあるので記録しておく．学生実験としては測定練習の意味もある．なお，気温などが直接実験に関係する場合は，実験データとして実験結果の項に詳しく書く必要がある．

(2) 目　的

何を測定し，あるいは観察することによって，何を知ることを目的とするのかを簡潔に書く．箇条書きでもよい．

(3) 原　理

この実験がどのような原理（考え）に基づくものか，骨子となっている理論を書く．

目的を達成するには○○と△△を測定し，得られたデータをどう処理して目的とする結果を得るかがわかるように書く．以後の項で使う記号はここで定義されているように書く．教科書の丸写しにならないようにする．文章だけで説明できなければ説明図を挿入する（「図を書くときの注意」）．

(4) 実験装置，器具

実験に使用した実験装置や器具の名称を書く．実験後その結果を整理して不審な結果が出たような場合の参考となるように，測定器の精度（最小目盛り）などは書いておく．一般的でない装置などのときは，装置図（およその大きさを書いておくこと）を書く．

分野，部門によっては名称のみならず，外観，ネームプレートや文字板に書かれている定格，製造者，製造番号など詳しく記述しなければならないことがある．

(5) 実験方法

実験原理に何を測定すればよいかが書かれているので，どのような装置（(4) 実験装置，器具）を使い，どのようにして，実験の結果（(6) 結果）を得たかを書く．教科書の実験方法を記述するのではなく，それを参考に行ったことを書く．文章は過去形で書く．一般的な装置，測定器については取り扱い方や操作の仕方まで事細かに書く必要はない．

(6) 測定結果

測定で得られた「<u>ナマのデータ</u>」を書く．「ナマのデータ」を書き落としてはいけない．データといえばこの「ナマのデータ」のことであり，測定器の直接の読み取り値のことである．たとえば，針金の半径が必要なときには，普通マイクロメーターなどで直径を測り，計算により半径を算出する．このとき，直径が「ナマのデータ」であり，半径は計算結果で，データ処理の結果となる．

測定で得られたデータは<u>物理量</u>であるので，<u>有効数字</u>を考慮し，<u>単位</u>を付けなければならない.

実験結果としてまず初めに必要なのがこの「ナマのデータ」である．そして次に計算結果（データ処理の結果）を書く．そのときに，計算結果を得るためにどのような計算を行ったのか計算例（データ処理の例）を一例だけ示しておくこと．

計算例を示すときの注意

計算例は一例でよい．同一種類の計算を何度も書かない．単純な計算例は不要である．

計算例の示し方は，まず理論式を書き，次にデータを代入した式を書き，結果を書く．意味のない式の変形，計算の途中は書かない．

$$\frac{xyz}{ab^2} = \frac{1.2\times 0.90\times 30}{1.1\times 2.0^2} = \frac{1.08\times 30}{4.4} = \frac{32.4}{4.4} = 7.4$$

理論式　理論式にデータを代入　この部分不要，書かない　結果

データや計算結果は，数値を羅列しないで，表にまとめる.

得られた物理量間の関係が必要なときにはグラフに示す必要がある（次章「4. グラフ」参照).

図やグラフを書くときの注意

図を書いたときには必ず，図の番号（図 1，第 1 図，Fig.1 など）と表題を図の下に書く．簡単な説明文を付けた方がよい．

- 図は文の近くに書くこと．図だけまとめて別の場所に書かない方がよい．
- 図によっては大きさのわかるように縮尺を入れよ．
- ノギスや天秤など，その実験に主でないものは書かない．
- Fig. や No. のピリオドを忘れるな．

表を書くときの注意

表には表番号（表 1，第 1 表，Table.1）と表題を表の上に書いておく．

表中に式を書いてはいけない．また，同一の値は表外に示す．

表の悪い例，よい例を示す．

表 1. 距離の測定値

	x
1	1.25×10^{-3} m
2	2.41×10^{-3} m
3	1.312×10^{-2} m

悪い例

表 1. 距離の測定値

	x〔10^{-3} m〕
1	1.25
2	2.41
3	13.12

よい例

平均や，平均二乗誤差などを計算しておく．

以上をまとめ，最終のデータ処理の結果を書く．たとえば

△△は（○○.○±○.○）×10$^{○○}$（単位）となった．

（7）結　論

この項目は報告書で一番重要である．実験により初期の目的（（2）目的の項）に対して，どのような結論が得られたのかを明確に示さなければならない．

（8）検討と考察

結果の信頼性を示し，結果を検討し，考察することで実験は完成したことになる．

この項目は学生諸君にとっては書きづらいと思われるが「与えられた課題の（既知の）答えを出す」という態度ではなく，「未知の現象に取り組む」という姿勢で実験に取り組んでおけば，「結論の物理的意味」も少しは具体的に浮かんでくるのではないだろうか．たとえば「落下距離が時間の2乗に比例することは等加速度運動であることを意味する」というような内容でもよい．信頼性の考察については，「実験誤差は測定方法，測定器の精度などから推定される妥当な値か」，「信頼度を上げるためにはどうすればよいか」，などを述べる．

（（9）感　想）

この項は特に必要としないが，「実験はおおむね良好であった」などの記述はこの感想に書く．

注　意：いろいろな注意

書き出しは1字下げ，各行の頭はそろえ，不必要な改行や改ページはしない．句読点をはっきり付けること．ページ番号を下に書くこと．

数字は算用数字を使う．一，二，三，…はいけない．イ，ロ，ハ，…も避けた方がよい．÷という記号は使わない．100÷3は100/3と書く．

4. グ ラ フ

4.1. グラフについての注意

データや結果を表で示しただけでは全体的な傾向などは理解しにくい．グラフによって示すのはそれを補うためである．つまりグラフは値の変化を他人に理解しやすくするための手段であって，決して最終の目的ではない．したがって，グラフのみ示せば，グラフにした数値は書かなくてもよいという考えは間違いである．

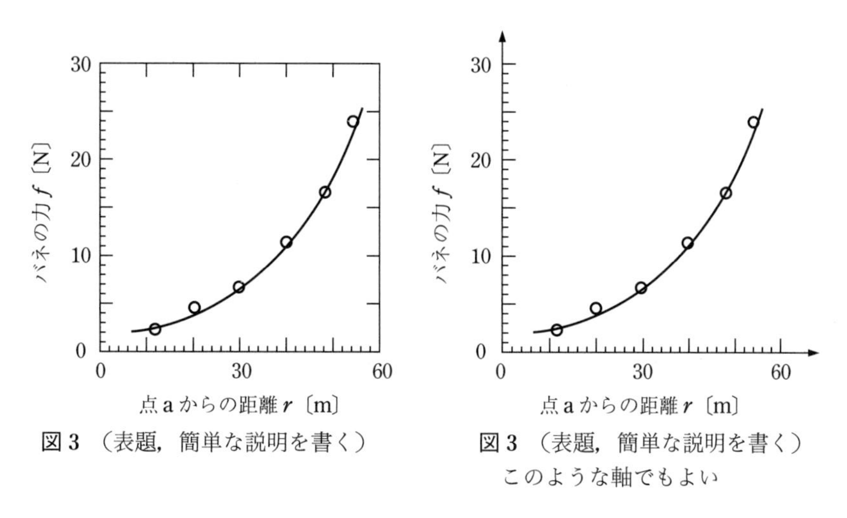

図 1 グラフの書き方

- ○ グラフは必ず 1 mm の方眼紙を使うこと．
- ○ 測定値は大きな丸（ときに△×・□など）で示すこと．丸印の中心が測定値である．線は色を使わず黒色の，実線（——），破線（-------），点線（⋯⋯），一点鎖線（–·–），二点鎖線（–··–）を使う．
- ○ 軸は何を表すか明記し，その数値の単位を明記すること．
- ○ 軸の原点は必ずしも 0 でなくてもよい．
- ○ グラフ全体が図 1 のようにグラフの中ほどにくるように，軸の目盛りの数値を決めること．
- ○ 測定値による点（丸）を結ぶ直線や曲線は，本来は最小二乗法によって定めるが，視覚的にすべての点にフィットするように線を引いてもよい．線は定規（雲形定規など）を用いてきちんと書く．
- ○ 点を結んだ線がどのような式で表されるか，初等関数的な簡単なものなら計算して実験式を出さなければいけない．
- ○ そもそも A と B との 2 つの値を 2 つの軸にとってグラフを書くことは，A と B との間に関数関係があることを示す意図があるときである．だから，グラフ上の曲線は，$A = f(B)$ という関数の形を示すことになる．学生の中には，しばしば A, B との間に何ら関数関係を予想できないのに，A, B の値をグラフにするものがある．関数の図示という根本を忘れてはいけない．

○　$A = f(B)$ の関係式を求めるためには，A と B が直線関係，すなわち，$A = \alpha B + \beta$ となるような A を縦軸，B を横軸にとってグラフに表すとよい．

たとえば，$T = 2\pi\sqrt{\frac{\ell}{g}}$ であれば $T^2 = \frac{4\pi^2}{g}\ell$ であるから，縦軸に T^2，横軸に ℓ をとると，勾配 $\frac{4\pi^2}{g}$ の原点を通る直線となる．

また，$y = a\,10^{bx}$ であれば $\log_{10} y = \log_{10} a + bx$ であるから，縦軸に $\log_{10} y$，横軸に x をとると直線になる（この関係を表示するのに便利なのが片対数方眼紙である）．

$y = ax^b$ であれば $\log_{10} y = \log_{10} a + b\log_{10} x$ であるから，縦軸に $\log_{10} y$，横軸に $\log_{10} x$ をとると直線になる（この関係を表示するのに便利なのが両対数方眼紙である）．

4.2.　対数方眼紙の使い方

等間隔目盛りに対して，対数目盛りというのがある．それは図 2 に示すように一直線上で基準点から，$\log_{10} x$ の長さに対応する点に x を目盛ったものである．

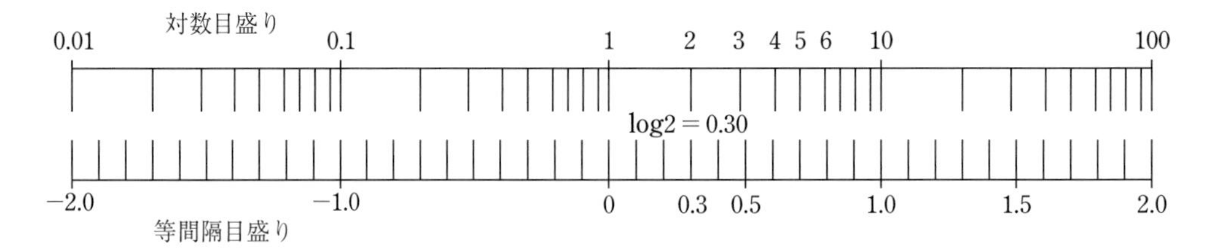

図 2　対数目盛りと等間隔目盛り

a）片対数方眼紙

図 3 は

横軸 x：目盛りは普通の x のまま（等間隔目盛り）

縦軸 y：$\log_{10} y$ の長さのところに y を目盛る（対数目盛り）

で，片対数方眼紙と呼ばれる．この方眼紙上で x と y が直線関係になる場合には

$$\log_{10} y = ax + \log_{10} b$$

の関係があるから，勾配，切片から a, b を求め，上記関係式あるいは

$$y = b\,10^{ax}$$

あるいは　$y = be^{a'x}$　　$(a' = a\log_e 10)$

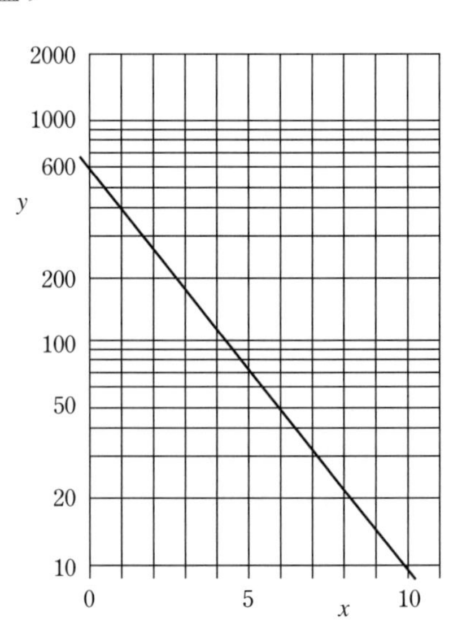

図 3　片対数方眼紙

が求まる．したがって，y が x の指数関数の場合には片対数方眼紙を用いて関係式を求めるとよい．

図3の例では

$$a = \frac{\log_{10} 10 - \log_{10} 600}{10 - 0} = -0.178$$

$x = 0$　のとき　$\log_{10} y = \log_{10} b$　であるから　$\log_{10} b = \log_{10} 600 = 2.778$

$$\therefore\ \log_{10} y = -0.178\,x + \log_{10} 600$$

あるいは

$$y = 600\,e^{-0.410\,x}$$

となる．

この関係が予想される実験データは，x を等間隔（$x_{i+1} - x_i = \text{const.}$）に変化させたときの $\boldsymbol{y}$ の値を測定するとよい．

b）両対数方眼紙

図4は

横軸，縦軸ともに対数目盛りにとったもので，両対数方眼紙と呼ばれる．

この方眼紙上で x と y が直線関係になる場合には

$$\log_{10} y = \log_{10} b + a \log_{10} x$$

の関係があるから，勾配，切片から a, b を求め，上記関係式あるいは

$$y = bx^a$$

が求まる．

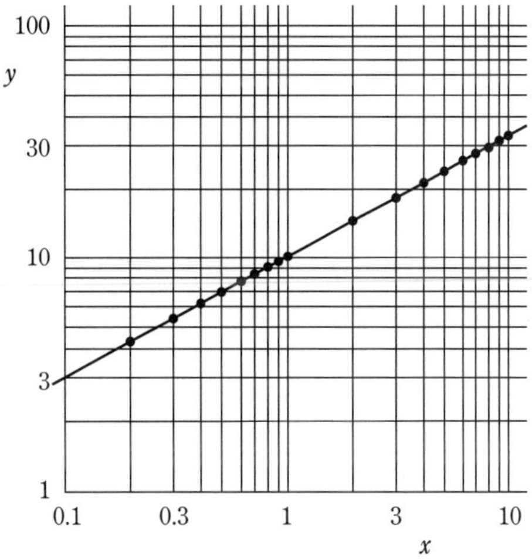

図4の例では

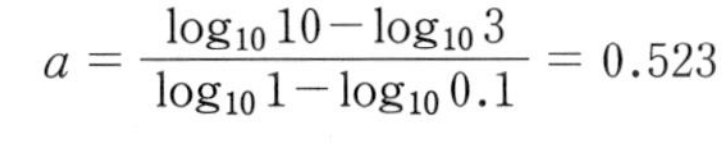

$$a = \frac{\log_{10} 10 - \log_{10} 3}{\log_{10} 1 - \log_{10} 0.1} = 0.523$$

図4　両対数方眼紙

$x = 1$　のとき　$\log_{10} y = \log_{10} b$　であるから

$$\log_{10} b = \log_{10} 10.00$$

$$\therefore\ \log_{10} y = \log_{10} 10.00 + 0.523 \log_{10} x$$

あるいは

$$y = 10.00\,x^{0.523}$$

となる．

この関係が予想される実験データは，$\log_{10} x$ を等間隔，すなわち $\dfrac{x_{i+1}}{x_i} = \text{const.}$ にして y_i の測定をするとよい．たとえば $x_{i+1}/x_i = 2$ の場合は x は 2, 4, 8, 16, 32, …となる．図4の

例では x_{i+1}/x_i は一定でないが，x を 0.2, 0.3, 0.4, 0.5, 0.7, 1.0, 2.0, 3.0, 4.0, 5.0 のように x の値の小さいところと大きいところで間隔を変えてある．

5. 有効数字

物理で扱う数値は，全て測定値である．物理定数や定義値も測定値を元にしている．測定値である限り測定精度（誤差）を考慮しなければならない．その表し方に有効数字がある．実験では有効数字を使った表現が一般に用いられるので十分理解してほしい．

5.1. 有効数字

計器の目盛りを読むときは，目盛ってある単位の1/10まで目分量で読むのが普通である．たとえば，mmの目盛りの物さしで長さを測るときは1/10 mmまで，すなわち，11.4 mm　12.03 cmなどと読む．このとき有効数字は，前者は3桁，後者は4桁であるという．この場合，mmの桁までは絶対に信頼できるが，最後の4や3は，測定者の目分量だから，0.1 mm～0.2 mm程度の誤差は入ってくる．しかし，0.3 mmも0.4 mmも間違うことはまずない．そのことから，最後の桁も，一応誤差を含めた意味で信用できる．すなわち，有効数字とは，信頼できる数値を示す数字のことである．

mmが最小目盛りの物さしで測って，ちょうど18 mmあったときには，18.0 mmと記さなければならない．これを18 mmとしたら，これは最小目盛りcmの物さしで測り，2 cm近くあったので，目分量で18 mmとしたという意味で，8という数字中には±2程度の誤差があると考えられてしまう．0は数値であり1, 2, 3, …, 9と同列のものである．測定して0となれば，0と書く．測定して3となれば，3と書くであろう．それと同じことである．

さらに例を挙げれば，気温を測定したとき18 ℃か18.0 ℃か，振動回数を数えたとき，10回か10.0回か，で有効数字の桁数は異なる．一定周波数の音を発振させるとき，目盛りを10 kHzに合わせたのか10.0 kHzに合わせたのか，電圧を加えるのに電圧計の目盛りを10 Vに合わせたのか10.0 Vに合わせたのかで，計算に用いるとき，有効数字の桁数は異なる．

一方，0は数値の0を表すだけでなく位取りを表すときにも使われる．0.075 mという数字の0は数値を表すのでなくて，mの単位の位取り（小数点）の位置を表すだけであるから有効数字ではない．

また，距離30000 mと書いてある場合には，この0は位取りを表す0か，有効数字の0かわからない．全部有効数字とすると，最後の0という値の中には，±2程度の誤差が含まれていると一般に考えるから，(30000±2) mで29998 m～30002 mの間にあるということを示す値である．ところが本当は，100 mくらいの誤差はある測り方だとすると，最後の2つの00は有効数字ではなく，位取りを表す0である．このように，まぎらわしいので，私たちは学問上は位取りを表す0は，$\times 10^{\bigcirc\bigcirc}$のように表す．上の例で100 mくらいの誤差のある意味の30000 mなら，3.00×10^4 mと書く．

書き表し方をまとめると，有効数字の最初の1桁を書き，次に小数点，そして残りの数字を書き，位取りを表す 0 は 10 の何乗の形に書く．

$$\bigcirc.\bigcirc\bigcirc\bigcirc \times 10^{\bigcirc\bigcirc} \qquad \text{（有効数字 4 桁の場合）}$$

となる．

有効数字の桁数は小数点の位置が変わっても変わらない．0.000075 km，0.075 m，7.5 cm，75 mm は有効数字 2 桁であり精度は同じとなる．m の単位で書き表せば，7.5×10^{-2} m となる．

有効数字を使って書き表しておけば，有効数字の最後の桁に，誤差を含むことになり，相対誤差を考えればわかるように精度を表すことになる（p. 17「6．誤差：6.1．絶対誤差と相対誤差」参照）．（計算例では誤差を含む数字を○で囲んだ．）

5.2．有効数字の計算の仕方

加　減　算

加減算のときは位取りを合わせて行う．まず，加算をやってみる．

$$3108\,[\mathrm{cm}] + 1235\,[\mathrm{cm}] + 96\,[\mathrm{m}] = 139\,[\mathrm{m}]$$

まず［cm］と［m］が混ざっているから位取りを間違えないようにする．

［m］に統一すると

31.08［m］+12.35［m］+96［m］となる．

有効数字を考慮すると最後の桁に誤差が入っていることになるので丸を付けて表すと，

31.0⑧［m］+12.3⑤［m］+9⑥［m］となる．加算をやってみよう．

```
   31.0⑧
   12.3⑤
+) 9⑥
  13⑨
```

一番下の桁の加算は⑧+⑤としてはいけない．⑧+⑤+空白である．3 行目は，96［m］としか測定されていない．1 行目，2 行目の⑧ ⑤にあたる数字は測定されていない．したがって，⑧+⑤+（空白，わからない）の加算である．計算結果は（空白）であり，13 とはならない．

次の桁も 0+3+（わからない）=（空白）である．次の桁は，1+2+⑥ = ⑨で 9 ではなく⑨である．次の桁は，3+1+9 = 13 である．

答えは 13⑨となる．計算結果は 1.39×10^{2}［m］である．

次に減算をやってみる．減算も加算と同じように，位取りを合わせて行う．

```
       5
   98.24⑦
-) 98.2③
    0.0②
```

一番下の桁の減算は⑦−（空白，わからない）=（空白）である．⑦を四捨五入して，次の桁の計算を行うと，5−③ = ②である．答えは 0.017 とはならない．

答えは 0.0②で 2×10^{-2} となる．

元の有効数字は 5 桁と 4 桁だが，減算の結果は有効数字 1 桁になることに注意せよ．このように減算のときは有効数字の桁数が少なくなることがあるので注意が必要である．減算が混じっているときは桁数が何桁あるというだけではだめで，実際に減算を行って何桁になるかを調べなければならない．

乗　除　算

「計算では与えられた数の有効数字を調べて，桁数の一番小さい有効数字の桁数よりも，1桁多く計算してその桁を四捨五入する.」

28.3 [cm]×1.45 [cm]/2.0 [cm] を計算してみよう.

「計算では与えられた数の有効数字を調べて(28.3は3桁，1.45は3桁，2.0は2桁)，桁数の一番小さい有効数字の桁数(2桁)よりも，1桁多く(3桁)計算してその桁を四捨五入する.」

その結果は2桁となる.

3桁計算した結果20.5となり，5を四捨五入して21となり，2桁である.

$$28.3\times 1.45/2.0 = 21 \qquad 2.1\times 10\ [\mathrm{cm}]$$

さらに乗除算，加減算，誤差計算の例を挙げよう.

$M = 6.9$ g　$L = 61.7$ mm　$D = 3.9$ mm の測定を得て，密度 ρ を算出する.

まず，単位系をMKSかcgsにそろえる．ここではcgsにそろえて

$$M = 6.9\ \mathrm{g} \quad L = 6.17\ \mathrm{cm} \quad D = 3.9\times 10^{-1}\ \mathrm{cm}$$

$$\rho = \frac{4M}{\pi D^2 L} = \frac{4\times 6.9}{\pi\times(3.9\times 10^{-1})^2\times 6.17} = 9.4\ \mathrm{g/cm^3}$$

4は測定値ではないので有効数字の桁数は考えなくてよい．6.9は2桁，3.9は2桁，6.17は3桁で桁数の一番小さい有効数字の桁数は2桁である．π は2桁以上必要である．6.17を2桁にせずそのまま計算する．π も計算機精度(8桁)で計算しておく．電卓の表示を見ると，9.361486843となっているが，必要なのは3桁(2桁より1桁多く計算)だから，9.36の6を四捨五入して9.4となる．このとき必要なのは3桁だから，9.36と位取りを書き取ればよい(この場合位取りは必要ないが)．これを9.361486843と書き取ってはいけない.

相対誤差の計算

8.93を真値として相対誤差を求めると．8.93−9.4の引き算は−0.5となり有効数字は1桁となる．したがって，2桁計算して2桁目を四捨五入し1桁とする．このように減算のときは引き算を行い何桁になるか確認しなければいけない.

$$\left|\frac{8.93-9.4}{8.93}\right|\times 100 = \frac{0.5}{8.93}\times 100 = 0.055\times 100 = 6\%$$

特に，誤差の場合は有効桁数の計算から多くの桁数が出ても2桁までしか書かない．2桁目または3桁目を四捨五入し，1桁か2桁で表す.

5.3.　有効数字を考えた測定

実験を始めるにあたって，与えられた実験器具の能力を最大限に引き出し，しかも無駄な労力を費やさないように必要有効桁数を見通し測定をすることが大切である．実験で直接測定するデータの精度(有効数字の桁数)は測定器に支配され，それらの精度のからみ(誤差の伝播)で目的

とする最終結果（計算式とデータを代入して求める）の精度が決まる．その結果，思っていたよりある測定は粗くてよかったり，またある測定は精度を上げるために注意深く測定しなければならないことに気付くであろう．加減算に必要な測定値は，位を合わせた測定を行い，乗除算に必要な測定値は，最も少ない有効数字の桁数の測定値より他の測定値は 1 桁多く測定すればよい．

最後に，必要以上の桁数までやたらに出して莫大な計算をして，無駄な労力をする学生，電卓に表示された，全桁の数字を記入する学生，「小数点以下，幾桁まで出しますか」など質問する学生がいるが，これは上述の有効数字の考え方が理解できなかったことになるので十分注意しなければならない．

6. 誤　　差

6.1. 絶対誤差と相対誤差

測定によって得られたデータ（測定値）には誤差が含まれている．真値はわからないことが多いが，真の値に限りなく近い値としてよく最確値を用いる．真値と測定値との差を**絶対誤差**（または単に**誤差**）といい，絶対誤差と真値，または，測定値の平均値との比を**相対誤差**という．

相対誤差の100倍を**百分率誤差**といいパーセントで表す．

精度が高い低いということは，**相対誤差が大きいか小さいかということであり**，絶対誤差の大きさとは関係がない．測定値はその有効数字の桁数が多いほど，その精度が高いといえる．

例　3.26 cm と 326.3 cm とでは，後の方が有効数字が多いから精度が高い．二者の末尾の数値には，2程度の誤差が含まれると仮に考えよう．この場合絶対誤差は，

3.26 cm ………0.02 cm

326.3 cm………0.2 cm

で，絶対誤差は後者の方が前者の10倍もある．

他方，相対誤差は，

$0.02/3.26 = 0.006$ ……………0.6%

$0.2/326.3 = 0.0006$……………0.06%

で，後者の相対誤差は前者の $\frac{1}{10}$ である．

6.2. 最確値と平均二乗誤差

1）最小二乗法

1−1）誤差の種類と性質

最も単純な測定の例として，棒の長さをスケールをあてて直接測る場合を考えてみよう．n 回の測定によって得た値はみな等しくはならず，お互いに少しずつ異なっているのが普通である．それは測定に際して誤差が入ってくるためである．

一口に誤差といっても，その中にはいろいろな種類のものが含まれている．まず，測定の基準になるスケールに伸縮があったりすると測定値に系統的な誤差が現れる．また，目盛りの10分の1までを目測で読むときに測定者により個人的に現れる誤差（個人差）もある．さらに，過失や偏見によるものも含まれる．これらの誤差は原因が知れているので補正が可能（過失などはデータから除く）であるが，一般にはまったく原因の不明な，そして単独では補正の施しようのない誤差がある．これは測定に際し避けられないものであり，偶然誤差と呼ばれる．物理学実験においても注意深く測定した測定値のもつ誤差は，この偶然誤差である．

すると，偶然誤差を含んだ多くの測定値から，いかにして最も確からしい棒の長さを決定す

ればよいか．n 個の測定値が同じ器械で同一人により同様な注意の下に得られたものであるならば，これら n 個の値のうちいくつかを取って他は捨ててしまうのは不当であり，n 個の測定値を同等に取り扱って，全体から棒の長さを導くべきである．

そのためには，繰り返し行われた測定値のお互いの相違から，統計的または確率論的に誤差の性質の見当を付けて，最も確からしい値（最確値）を求めると同時に，求めた結果の精度を表す方法を考えなければならない．

偶然誤差に関して経験的に次の3つの性質を仮定する．

i）小さい誤差は大きい誤差よりも頻繁に起こる．
ii）同じ大きさの正，負の誤差は同じ確からしさでもって起こる．　　(1.1)
iii）非常に大きい誤差は起こらない．

原因はわからないからどんな大きさの誤差がいつ起こるかはわからない．しかし，ある大きさの誤差の起こるべき確率は(1.1)の仮定から数学的に求めることができる．

いま，誤差 ε を横軸にとり，これを数個の小区間に分けて，誤差の各区間に落ちる相対頻度 $\phi(\varepsilon)$ を縦軸にとれば，1つの階段関数を得る．測定回数 n を多くし，同時に各部分区間の長さを小さくすれば極限として滑らかな曲線が得られる（図5）．これを誤差曲線と呼ぶ．(1.1)の仮定は，この誤差曲線の山の一番高い所が $\varepsilon=0$ のところで，左右に行くにつれて低くなり，曲線は縦軸に対して対称で $\lim_{n\to\infty}\left(\frac{\sum_{i=1}^{n}\varepsilon_i}{n}\right)=0$ であることを示している．

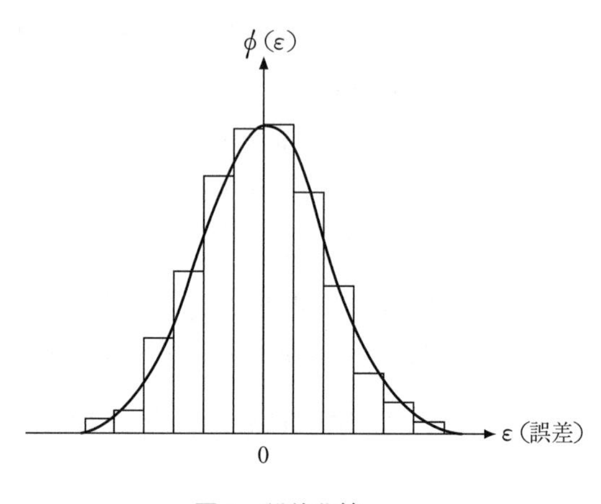

図5　誤差曲線

1−2）直接測定と算術平均

棒の長さの測定を n 回繰り返したとする．X を真の値，$x_i\,(i=1,2,\cdots n)$ を測定値，誤差を $\varepsilon_i=x_i-X$ とすると，$\lim_{n\to\infty}\left(\frac{\sum_{i=1}^{n}\varepsilon_i}{n}\right)=0$ であるから

$$X=\lim_{n\to\infty}\frac{\sum_{i=1}^{n}x_i}{n}$$

実際問題として n は有限であるから X を求めることはできない．そこで，測定値の算術平均

$$\bar{x}=\frac{\sum_{i=1}^{n}x_i}{n}$$

を最も確からしい値として採用する（これが最小二乗法による最確値となることは後述）.

$\bar{x}$ と x_i との差を残差と呼び v_i で示す.

$$v_i = x_i - \bar{x}$$

誤差 ε_i は真の値 X が知れない限りわからない量であるが，残差 v_i は測定値 x_i より計算できる量であり

$$\sum_{i=1}^{n} v_i = 0$$

となる.

1−3）最小二乗法の経験的考察

未知の量を直接測定する場合には，多くの繰り返し測定から最確値を導くには $\Sigma v_i = 0$ を原理とすればよいことがわかった．次に，間接測定の場合にも同じ原理が適用できるかどうかを考える.

簡単な間接測定の例として

$$y = ax + b$$

なる一次関数のあることが判っている場合の x と y とを測定し，(x_i, y_i) $(i = 1, 2, \cdots, n)$ を得た場合を考える．この場合には，n 個の方程式

$$y_i = ax_i + b \qquad (i = 1, 2, \cdots, n),\ n \geqq 3$$

から a, b の最確値を求めることになる.

最確値を a_0, b_0 とすると

$$v_i = a_0 x_i + b_0 - y_i$$

この際，$\Sigma v_i = 0$ なる条件からは a_0, b_0 は一意的に決まらない．a_0 を任意に指定しても $\Sigma v_i = 0$ とすることができる．図 6 の I のようなものは予期しているものではなく，II のような何れの v_i もみな一様になるべく小さいものが望ましい.

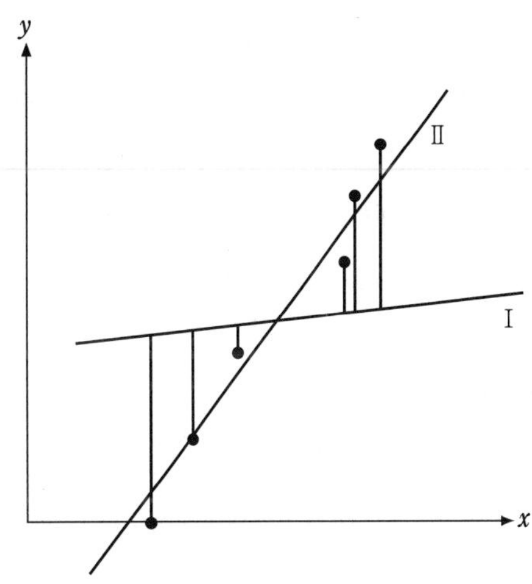

図 6　最小二乗法の説明図

このように $\Sigma v_i = 0$ が不当であるとすれば，これらの拡張としていかなる条件をもってきたらよいだろうか．いろいろな条件が考えられるが，簡単なものとしては

$$\Sigma |v_i| = 最小$$

$$\Sigma v_i^2 = 最小 \tag{1.2}$$

がある．前者は符号を無視していて数学的にも不自然で取り扱いにくい．後者はこうした難点はなく，しかも確率論的に根拠を与えることもできる．したがって，後者の条件を採用し，この条件により未知量の最確値を定める．この方法を最小二乗法という.

$\sum v_i^2$ を最小にするためには，$\sum v_i^2$ は正であるから

$$\left.\begin{array}{l} \dfrac{\partial \sum v_i^2}{\partial a_0} = 0 \\ \dfrac{\partial \sum v_i^2}{\partial b_0} = 0 \end{array}\right\}$$

となることが必要かつ十分である．これは未知量 a, b の数だけであるから一般に a_0, b_0 は一意的に定まる．

最小二乗法を直接測定の場合に適用すると，

$$\sum v_i^2 = \sum_{i=1}^{n} (x_i - \bar{x})^2 = \text{最小}$$

$$\frac{\partial \sum v_i^2}{\partial \bar{x}} = -2 \sum_{i=1}^{n} (x_i - \bar{x}) = 0$$

$$\therefore \quad \sum v_i = 0$$

となり，算術平均の原理 $\sum v_i = 0$ に帰着し，直接測定の場合の最確値は算術平均値となる．

1−4）平均二乗誤差

測定の精度を表す係数としては，平均二乗誤差が最もよく用いられる．定義式は

$$m = \pm \sqrt{\frac{\sum \varepsilon_i^2}{n}} \tag{1.3}$$

平均二乗誤差のもつ意味は，誤差関数から明らかにされるが，ここでは誤差曲線の変曲点を与える誤差の大きさであり，平均二乗誤差より小さい誤差が約68％を占めるという誤差のバラツキの範囲を示す値であるとだけ述べておくにとどめる．

いま，$X_1, X_2, \cdots, X_n$ を測定して

$$Y = f(X_1, X_2, \cdots, X_n)$$

なる関係を有する Y を求める場合の Y の平均二乗誤差について考えてみよう．

$X_1, X_2, \cdots, X_n$ の各測定値を $x_{1i}, x_{2i}, \cdots, x_{ni}$，誤差を $\varepsilon_{1i}, \varepsilon_{2i}, \cdots, \varepsilon_{ni}$ とすると，Y の計算値

ε なる誤差の起こる確率 $\phi(\varepsilon)$ は

$$\phi(\varepsilon) = \frac{h}{\sqrt{\pi}} \exp\{-h^2 \varepsilon^2\}$$

となり，これを誤差関数と呼ぶ（図5の誤差曲線の方程式）．

$n \to \infty$ の測定により $(\varepsilon_1, \varepsilon_2, \cdots, \varepsilon_n)$ なる誤差の組が起こる確率

$$p = \phi(\varepsilon_1) \times \phi(\varepsilon_2) \times \cdots \times \phi(\varepsilon_n)$$

が最大になるところが真の値 X である．$n \to \infty$ の測定は不可能であるから，有限の測定値から $(v_1, v_2, \cdots, v_n)$ なる残差の組が起こる確率が最大となる値を最確値とする．

$$p = \phi(v_1) \times \phi(v_2) \times \cdots \times \phi(v_n) = \text{最大}$$

$$p \propto \exp\{-h^2(v_1^2 + v_2^2 + \cdots + v_n^2)\} = \text{最大}$$

$$\therefore \quad \sum v_i^2 = \text{最小}$$

y_i は

$$y_i = f(X_1 - \varepsilon_{1i}, X_2 - \varepsilon_{2i}, \cdots, X_n - \varepsilon_{ni})$$
$$= f(X_1, X_2, \cdots, X_n) - \left(\frac{\partial f}{\partial X_1}\right)\varepsilon_{1i} - \left(\frac{\partial f}{\partial X_2}\right)\varepsilon_{2i} - \cdots - \left(\frac{\partial f}{\partial X_n}\right)\varepsilon_{ni} + \text{高階の微小量}$$

Y の誤差 ε_i は

$$\varepsilon_i = \left(\frac{\partial f}{\partial X_1}\right)\varepsilon_{1i} + \left(\frac{\partial f}{\partial X_2}\right)\varepsilon_{2i} + \cdots$$

$$\Sigma \varepsilon_i{}^2 = \left(\frac{\partial f}{\partial X_1}\right)^2 \Sigma \varepsilon_{1i}{}^2 + \left(\frac{\partial f}{\partial X_2}\right)^2 \Sigma \varepsilon_{2i}{}^2 + \cdots + 2\left(\frac{\partial f}{\partial X_1}\right)\left(\frac{\partial f}{\partial X_2}\right)\Sigma \varepsilon_{1i}\,\varepsilon_{2i} + \cdots$$

ここで $\Sigma \varepsilon_{1i}{}^2, \Sigma \varepsilon_{2i}{}^2, \cdots$ は正で，正負の項が消し合う $\Sigma \varepsilon_{1i}\,\varepsilon_{2i}$ などよりはるかに大きい．
したがって，

$$\Sigma \varepsilon_i{}^2 = \left(\frac{\partial f}{\partial X_1}\right)^2 \Sigma \varepsilon_{1i}{}^2 + \left(\frac{\partial f}{\partial X_2}\right)^2 \Sigma \varepsilon_{2i}{}^2 + \cdots + \left(\frac{\partial f}{\partial X_n}\right)^2 \Sigma \varepsilon_{ni}{}^2$$

$$\therefore \quad m^2 = \left(\frac{\partial f}{\partial X_1}\right)^2 m_1{}^2 + \left(\frac{\partial f}{\partial X_2}\right)^2 m_2{}^2 + \cdots + \left(\frac{\partial f}{\partial X_n}\right)^2 m_n{}^2 \tag{1.4}$$

これを誤差伝播の公式という（一般には真の値がわからないので $\Sigma \varepsilon_i{}^2$ は求められない．求められる $\Sigma v_i{}^2$ から，いかにして m を求めるかについては後述する）．

一例として「実験 14」の「ねじれ振り子による剛性率の測定」の場合を考えると

$$n = \frac{4\pi MR^2\ell}{r^4T^2}$$

$$\frac{\partial n}{\partial R} = 2R \cdot \frac{4\pi M\ell}{r^4T^2} = 2R \cdot \frac{1}{R^2} \cdot \frac{4\pi MR^2\ell}{r^4T^2} = 2\,\frac{n}{R}$$

以下同様で結局

$$\left(\frac{m_n}{n}\right)^2 = \left(\frac{m_M}{M}\right)^2 + \left(2\,\frac{m_R}{R}\right)^2 + \left(\frac{m_\ell}{\ell}\right)^2 + \left(-4\,\frac{m_r}{r}\right)^2 + \left(-2\,\frac{m_T}{T}\right)^2$$

となる．

2）直接測定

2−1）最確値の平均二乗誤差

直接測定の場合の最確値は算術平均値であり，誤差は (1.3) の平均二乗誤差で表すことはすでに述べた．ところが真値が一般にはわからないので $\Sigma \varepsilon_i{}^2$ は求められない．
そこで次のような近似計算を行う．

$$\bar{x} = \frac{\Sigma x_i}{n} = \frac{1}{n}x_1 + \frac{1}{n}x_2 + \cdots + \frac{1}{n}x_n$$

平均値 $\bar{x}$ の平均二乗誤差を m_0，測定値のそれを m とすると，(1.4) の誤差伝播の公式より

$$m_0{}^2 = \frac{m^2}{n^2} + \frac{m^2}{n^2} + \cdots + \frac{m^2}{n^2} = \frac{m^2}{n}$$

$$\therefore \quad m_0 = \frac{m}{\sqrt{n}}$$

次に残差および誤差は

$$v_i = \bar{x} - x_i$$

$$\varepsilon_i = X - x_i$$

$$\therefore \quad \varepsilon_i = X - \bar{x} + v_i$$

$$\Sigma \varepsilon_i^2 = n(X-\bar{x})^2 + 2\Sigma v_i(X-\bar{x}) + \Sigma v_i^2$$

ここで$\Sigma v_i = 0$であり，$(X-\bar{x})^2$は真値と平均値との差の二乗であるからm_0^2と近似できる．したがって，

$$\Sigma \varepsilon_i^2 = nm_0^2 + \Sigma v_i^2$$

$$nm^2 = nm_0^2 + \Sigma v_i^2$$

$$= m^2 + \Sigma v_i^2$$

$$\therefore \quad m = \sqrt{\frac{\Sigma v_i^2}{n-1}} \tag{2.1}$$

$$m_0 = \frac{m}{\sqrt{n}} = \sqrt{\frac{\Sigma v_i^2}{n(n-1)}} \tag{2.2}$$

測定値の平均二乗誤差　$m = \sqrt{\frac{\Sigma v_i^2}{n-1}}$　(2.1)

平均値の平均二乗誤差　$m_0 = \sqrt{\frac{\Sigma v_i^2}{n(n-1)}}$　(2.2)

$$\Sigma v_i^2 = \Sigma(x_i - \bar{x})^2$$

測定値 = 平均値$\pm m_0$

2−2）計算例1　ニクロム線の直径を10回測定した場合

x_i [mm]	$(x_i-\bar{x})$[10^{-3} mm]	$(x_i-\bar{x})^2$ [10^{-6} mm^2]
0.485	4	16
0.484	3	9
0.477	−4	16
0.480	−1	1
0.483	2	4
0.479	−2	4
0.478	−3	9
0.480	−1	1
0.481	0	0
0.484	3	9
		69

平　均　値　$\bar{x} = 0.481$ mm

測定値の平均二乗誤差　$m = \sqrt{69 \times 10^{-6}/9} = 0.0028$ mm

平均値の平均二乗誤差　$m_0 = 0.0028/\sqrt{10} = 0.00089$ mm

ニクロム線の測定値は　(0.481±0.001) mm

2－3）計算例 2

前述の「実験 14」の場合，M, R, ℓ, r, T の平均値 $\bar{M}, \bar{R}, \bar{\ell}, \bar{r}, \bar{T}$ とそれぞれの平均値の平均二乗誤差 $m_{\bar{M}}, m_{\bar{R}}, m_{\bar{\ell}}. m_{\bar{r}}, m_{\bar{T}}$ が求まり

$$\frac{m_{\bar{M}}}{\bar{M}} = 1.5 \times 10^{-3}, \quad \frac{m_{\bar{R}}}{\bar{R}} = 1 \times 10^{-3}, \quad \frac{m_{\bar{\ell}}}{\bar{\ell}} = 0.7 \times 10^{-3}$$

$$\frac{m_{\bar{r}}}{\bar{r}} = 0.6 \times 10^{-3}, \quad \frac{m_{\bar{T}}}{\bar{T}} = 1.5 \times 10^{-3}$$

であったとする．このとき

$$\left(\frac{m_n}{n}\right)^2 = (1.5 \times 10^{-3})^2 + 4(1 \times 10^{-3})^2 + (0.7 \times 10^{-3})^2$$

$$+16(0.6 \times 10^{-3})^2 + 4(1.5 \times 10^{-3})^2$$

$$= 21.5 \times 10^{-6}$$

となる．各平均値で求めた n が 7.63×10^{11} dyne/cm^2 であったとすると

$$m_n = 0.035 \times 10^{11} \text{ dyne/cm}^2$$

となり

$$n = (7.63 \pm 0.035) \times 10^{11} \text{ dyne/cm}^2$$

と求められる．

3）間 接 測 定

3－1）最　確　値

ここでは，x と y とが

$$y = ax + b$$

なる一次の関係にあり，(x_i, y_i) を測定して a と b の最確値 a_0, b_0 および平均二乗誤差 m_a, m_b を求める場合について述べる．もちろん，x と y とが直接一次の関係になくても $X = X(x)$，$Y = Y(y)$ なる変数変換を行えば

$$Y = aX + b$$

なる関係になる場合に適用できるので，物理学実験の場合の適用範囲は広い．

最確値 a_0, b_0 は最小二乗法によって定めればよいから

$$y_i = a_0 x_i + b_0$$

$$v_i = a_0 x_i + b_0 - y_i$$

となる．

ここで，

$$\boxed{\begin{aligned}&\Sigma x_i = [x]\\&\Sigma x_i^2 = [xx]\\&\Sigma x_i y_i = [xy]\end{aligned}}$$

のように表すと，

$$[vv] = \Sigma(a_0 x_i + b_0 - y_i)^2 = \text{最小}$$

$$\left.\begin{aligned}\therefore\quad \frac{\partial[vv]}{\partial a_0} &= 2\Sigma x_i(a_0 x_i + b_0 - y_i) = 0\\ \frac{\partial[vv]}{\partial b_0} &= 2\Sigma(a_0 x_i + b_0 - y_i) = 0\end{aligned}\right\} \tag{3.1}$$

となり，(3.1) より，

$$\left.\begin{aligned}a_0[xx] + b_0[x] &= [xy]\\ a_0[x] + b_0 n &= [y]\end{aligned}\right\} \tag{3.2}$$

これから a_0, b_0 は一意的に定まり

$$\left.\begin{aligned}a_0 &= \frac{1}{D}([xy]n - [x][y])\\ b_0 &= \frac{1}{D}([xx][y] - [xy][x])\end{aligned}\right\} \tag{3.3}$$

ただし，$D = n[xx] - [x]^2 \neq 0$

となる．

3−2）平均二乗誤差

次に a, b の平均二乗誤差を求めよう．

$$\left.\begin{aligned}\alpha_i &= \frac{1}{D}(nx_i - [x])\\ \beta_i &= \frac{1}{D}([xx] - [x]x_i)\end{aligned}\right\}$$

とおくと，(3.3) より

$$a_0 = [\alpha y],\quad b_0 = [\beta y]$$

となり，平均二乗誤差は誤差伝播の公式 (1.4) により

$$m_a{}^2 = [\alpha\alpha]m_y{}^2,\quad m_b{}^2 = [\beta\beta]m_y{}^2$$

となる．ここで$[\alpha\alpha]$, $[\beta\beta]$を求めると

$$[\alpha\alpha] = \frac{n}{D}, \quad [\beta\beta] = \frac{[xx]}{D}$$

となるので

$$\left.\begin{aligned} m_a{}^2 &= \frac{n}{D} m_y{}^2 \\ m_b{}^2 &= \frac{[xx]}{D} m_y{}^2 \end{aligned}\right\} \tag{3.4}$$

となる．y の平均二乗誤差 m_y は次のようにして $[vv]$ から求まる．

$$v_i = a_0 x_i + b_0 - y_i$$

$$\varepsilon_i = a x_i + b - y_i$$

$$\therefore \quad v_i = (a_0 - a) x_i + (b_0 - b) + \varepsilon_i$$

ここで最確値 a_0, b_0 の誤差 $(a_0 - a)$，$(b_0 - b)$ をそれぞれ $\varDelta a, \varDelta b$ とおくと

$$v_i = \varDelta a x_i + \varDelta b + \varepsilon_i$$

$$\begin{aligned} [vv] &= \varDelta a[xv] + \varDelta b[v] + [\varepsilon v] \\ &= [\varepsilon v] \qquad ((3.1) \text{より} [xv] = 0, [v] = 0) \\ &= \varDelta a[x\varepsilon] + \varDelta b[\varepsilon] + [\varepsilon\varepsilon] \end{aligned} \tag{3.5}$$

一方，

$$\left.\begin{aligned} &[xv] = 0 \text{ より} \quad \varDelta a[xx] + \varDelta b[x] = -[x\varepsilon] \\ &[v] = 0 \text{ より} \quad \varDelta a[x] + \varDelta b n = -[\varepsilon] \end{aligned}\right\}$$

この解は

$$\varDelta a = -[\alpha\varepsilon], \quad \varDelta b = -[\beta\varepsilon]$$

となる．したがって，(3.5) の

$$\varDelta a[x\varepsilon] = -\{\Sigma x_i \varepsilon_i \Sigma \alpha_i \varepsilon_i\} \fallingdotseq -\Sigma x_i \alpha_i \varepsilon_i{}^2 = -[\alpha x] m_y{}^2 = -m_y{}^2 \qquad (\because [\alpha x] = 1)$$

同様に，$\varDelta b[\varepsilon] = -m_y{}^2$

したがって，(3.5) は

$$[vv] = -m_y{}^2 - m_y{}^2 + [\varepsilon\varepsilon] = -m_y{}^2 - m_y{}^2 + n m_y{}^2$$

$$\therefore \quad m_y{}^2 = \frac{[vv]}{n-2}$$

したがって，a_0, b_0 の平均二乗誤差は

$$\left.\begin{aligned} m_a{}^2 &= \frac{n}{D} \cdot \frac{[vv]}{n-2} \\ m_b{}^2 &= \frac{[xx]}{D} \cdot \frac{[vv]}{n-2} \end{aligned}\right\} \tag{3.6}$$

ただし，$D = n[xx] - [x]^2$

から求めることができる．

3−3）計　算　例

各 x_i について y_i を測定し，グラフに示すような関係を得た場合の方程式

	x_i	y_i	x_i^2	$x_i\,y_i$	$3.3\,x_i+10$	v_i	v_i^2
	1.0	15	1	15	13	−2	4
	2.0	15	4	30	17	2	4
	3.0	20	9	60	20	0	0
	4.0	25	16	100	23	−2	4
	5.0	25	25	125	27	2	4
	6.0	30	36	180	30	0	0
	7.0	35	49	245	33	−2	4
	8.0	35	64	280	37	2	4
	9.0	40	81	360	40	0	0
和	45.0	240	285	1395		0	24
	$[x]$	$[y]$	$[xx]$	$[xy]$		$[v]$	$[vv]$

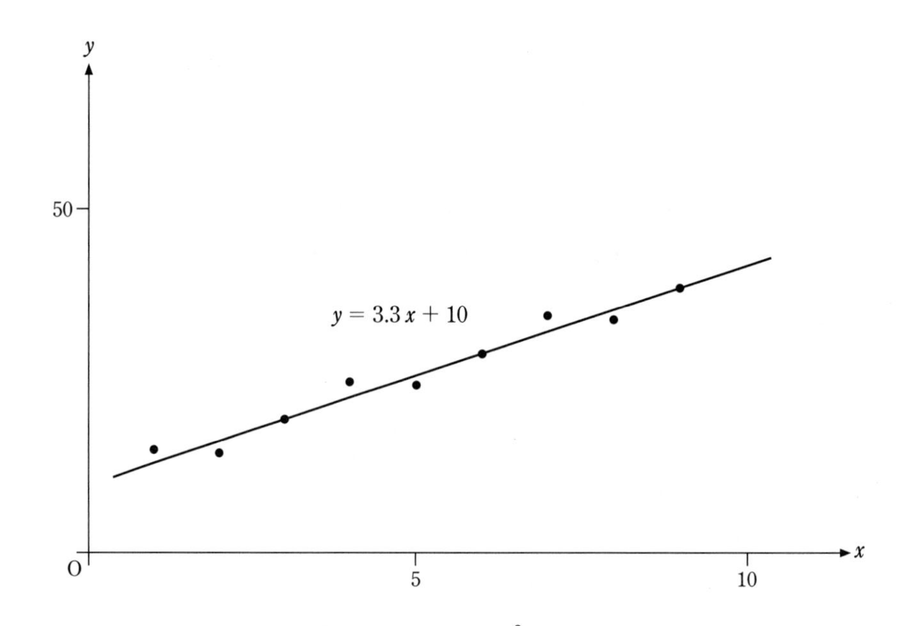

$$D = 285\times 9 - 45.0^2 = 540$$

$$a_0 = \frac{1395\times 9 - 240\times 45.0}{540} = 3.25$$

$$b_0 = \frac{285\times 240 - 1395\times 45.0}{540} = 10.4$$

$v_i = 3.3\,x_i + 10 - y_i$ から v_i^2 を求め，

$$m_a = \pm\sqrt{\frac{9}{540}\times\frac{24}{9-2}} = \pm 0.24$$

$$m_b = \pm\sqrt{\frac{285}{540}\times\frac{24}{9-2}} = \pm 1.3$$

3−4) $y = Ax$ の場合

物理学実験では，2つの物理量の間の関係が原点を通る直線関係になる場合が多い．

$y = Ax$ の関係がある場合には A の最確値 a は

$$a = \frac{1}{n}\Sigma\frac{y_i}{x_i} = \bar{a}$$

となる．グラフに示すと $y = \bar{a}x$ の直線となる．

$a_i = \dfrac{y_i}{x_i}$ を計算しておくと　$\bar{a} = \dfrac{\Sigma a_i}{n}$，$\bar{a}$ の平均二乗誤差 m_a は

$$m_a = \sqrt{\frac{\Sigma(a_i - \bar{a})^2}{n(n-1)}}$$

で求まる．

基礎実験Bの $M = aL$ における a は，このようにして求める例として示してある．M と L との関係をグラフに示し，最適な勾配 a で直線を引くということは，計算しないで目で最小二乗法にかけることである．本質的には両者の値は一致する．

6.3. 移動平均法

1) 図のように N 個の節をもつ定常波の波長 λ を測定する場合，次のような2つの測定法が考えられる．$x_i(i = 1, 2, \cdots, N)$ は節の位置である．

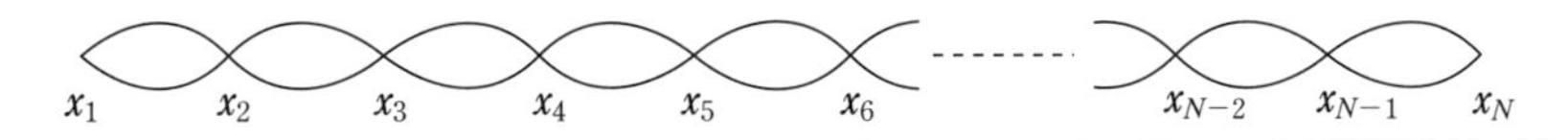

(1) 物さしを動かしながら，$x_3-x_1, x_4-x_2, x_5-x_3, \cdots$ の**長さ**を順次測定する．

(2) 物さしを固定して，節の**位置** $x_1, x_2, x_3 \cdots$ を順次測定し，$x_3-x_1, x_4-x_2, \cdots$ を計算で求める．

いずれの場合も，$x_5-x_1, x_6-x_2, \cdots$ とすれば，2λ を測定（あるいは測定値から計算）で求めることになり，その平均値を $\dfrac{1}{2}$ 倍すると λ が求まる．このように規則性（周期性）のある量について，ある一定の幅の値を順次求めて計算する方法を移動平均法という．

2) どちらの方法によって測定するかは，測定する事象や測定装置などによって定めればよい．たとえば，ゆっくりとした振動周期 T を測定する場合に 20 T を(1)の方法で2回測定すると，合計 40 T が測定の対象となる．この 40 T を(2)の方法で5周期ごとにその時刻を読み取ると，20 T のデータが5つ求まる．

3) (2)の方法によって波長 λ を求める場合，すべての x_i を用いて λ を求めるためには，半波長の $\dfrac{N}{2}$ 倍の幅で次のように計算する．

$$L_1 = x_{\frac{N}{2}+1} - x_1 \qquad \bar{L} = \frac{1}{\left(\frac{N}{2}\right)} \sum_{i=1}^{\frac{N}{2}} L_i$$

$$L_2 = x_{\frac{N}{2}+2} - x_2$$

$$\vdots$$

$$L_{\frac{N}{2}} = x_N - x_{\frac{N}{2}} \qquad \bar{\lambda} = \frac{2}{\left(\frac{N}{2}\right)} \bar{L}$$

たとえば$N = 8$の場合

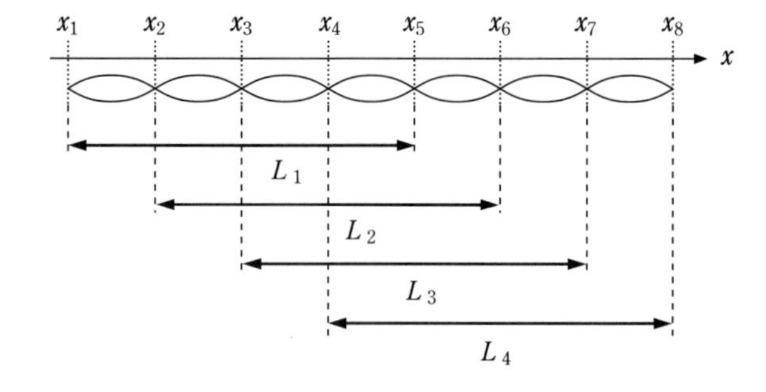

$$\left(L_i = \frac{\lambda}{2} \times 4 = 2\lambda\right)$$

$$L_1 = x_5 - x_1$$

$$L_2 = x_6 - x_2$$

$$L_3 = x_7 - x_3$$

$$L_4 = x_8 - x_4$$

$$\bar{L} = \frac{1}{4} \sum_{i=1}^{4} L_i, \quad \bar{\lambda} = \frac{1}{2} \bar{L}$$

Nが奇数の場合は，真ん中の値以外を用いれば，同様に計算できる．

たとえば　$N = 9$の場合

$$\left(L_i = \frac{\lambda}{2} \times 5 = \frac{5}{2} \lambda\right)$$

$$L_1 = x_6 - x_1, \quad L_2 = x_7 - x_2, \quad L_3 = x_8 - x_3, \quad L_4 = x_9 - x_4$$

$$\bar{L} = \frac{1}{4} \sum_{i=1}^{4} L_i, \quad \bar{\lambda} = \frac{2}{5} \bar{L}$$

Nが大きい程$\bar{\lambda}$の誤差は小さくなるので，できるだけNが大きくなるような測定をする必要がある．

半波長の幅で計算すると，

$$\bar{\lambda} = \frac{2}{N-1} \{(x_2 - x_1) + (x_3 - x_2) + \cdots + (x_N - x_{N-1})\} = \frac{2}{N-1} (x_N - x_1)$$

となり，途中のx_i（$i = 2, 3, \cdots, N-1$）はデータとして生かされなくなる．

7. 基本的な測定器の使用法

7.1. 副　尺（バーニヤ）

長さを詳しく測ろうとすると，物さしの目盛りを詳しくすればよいが，1 mm の間に 20 本の線を引けたとしても読み取ることはできない．これを解決したのが副尺である．

いま，簡単な副尺を作って考えてみよう．図 7（a）の上の物さし（主尺）は 10 cm を 10 等分し 1 cm ごとに目盛りがしてある．下の物さし（副尺）は 9 cm を 10 等分し，9 mm ごとに目盛りがしてある．副尺をずらして主尺の 1 の目盛りと副尺の 1 の目盛りが一致した状態を考えると，主尺と副尺の隙間は 0.1 cm となる．さらにずらしていくと，主尺の 2 と副尺の 2 の目盛りが一致する所で隙間が 0.2 cm となる．同様に最後には主尺の 1 cm と副尺の 0 が一致し，隙間は 1 cm となる．

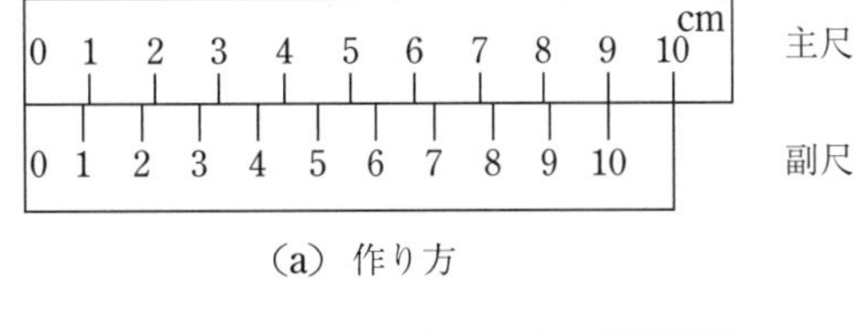

（a）作り方

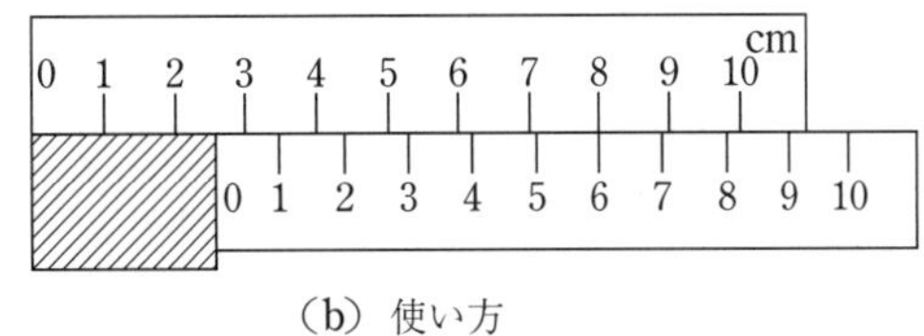

（b）使い方

図 7　副　　尺

使い方の例として，図 7（b）の斜線を引いた物体の長さを測定する場合を考える．図より物体の長さが 2 cm と，いくらかの余りであることがわかる．その余りは，以下のようにして読み取る．主尺と副尺の目盛りが一致した所を探すと，主尺の 8 と副尺の 6 の目盛りが一致している．そこから順に左に目盛りをたどっていけば，主尺の 7 と副尺の 5 の目盛りとの間は 0.1 cm となり，主尺の 2 と副尺の 0 の目盛りとの間は 0.6 cm である．だから測ろうとした物体の長さは，2.6 cm である．この 2.6 の 6 は主尺と副尺の目盛りが一致している副尺の目盛りにほかならない．

以上が簡単な副尺の作り方と使い方である．副尺は直線上の目盛りだけでなく角度の目盛りにも使用されている．

1−1）ノ　ギ　ス（キャリパー）

副尺について，もう少し詳しく考察する．主尺上の長さ S を使って副尺を作る．この S を基準長という．主尺の最小目盛りを u とする．基準長 S には $M = S/u$ の目盛りがあることになる．

副尺の基準長は $u(M-1)$ の長さにする．そして，その間を n 等分すると目盛りは M/n ごとに一致することになる．そうすると，最初に主尺の目盛りと副尺の目盛りが一致するときの主尺と副尺の隙間，すなわち，最小測定長，精度は

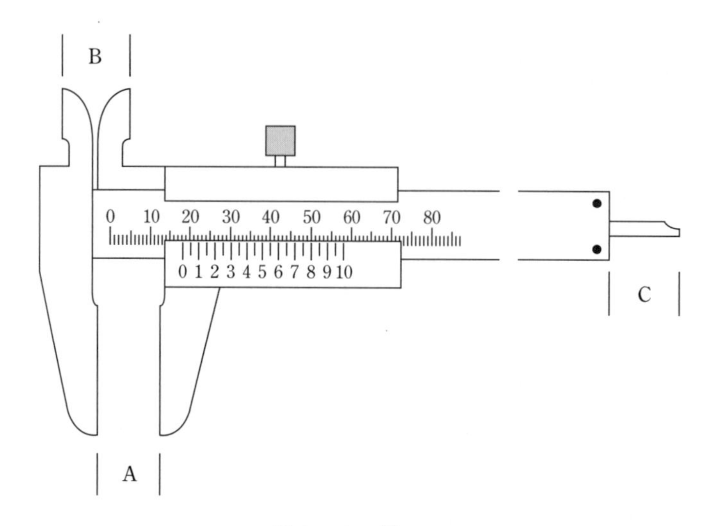

図 8　ノ　ギ　ス

$$\varepsilon = u\left(\frac{M}{n}\right) - \frac{u(M-1)}{n} = \frac{u}{n}$$

となる．

実験室で使用しているノギスは，主尺上の長さ $S = 40$ mm を基準としている．そして最小目盛り $u = 1$ mm，目盛り数 $M = 40$ である．副尺の目盛りは 20 であるので精度は

$$\varepsilon = u\left(\frac{M}{n}\right) - \frac{u(M-1)}{n} = 1\,\frac{40}{20} - \frac{1\times(40-1)}{20} = 2 - \frac{39}{20} = \frac{1}{20} = 0.05 \text{ mm}$$

である．

目盛りの一致は $M/n = 2$ 目盛りごとである．

図 9 に示したように最初に両尺の一致は主尺と副尺の隙間が 0.05 mm で一致し，次は隙間が 0.1 mm で一致する．このことは 0.05 mm の整数倍で長さを測定できることになる．

図 10 の場合は 21.65 mm である．1/100 mm の桁は 0 か 5 しか測定できない．

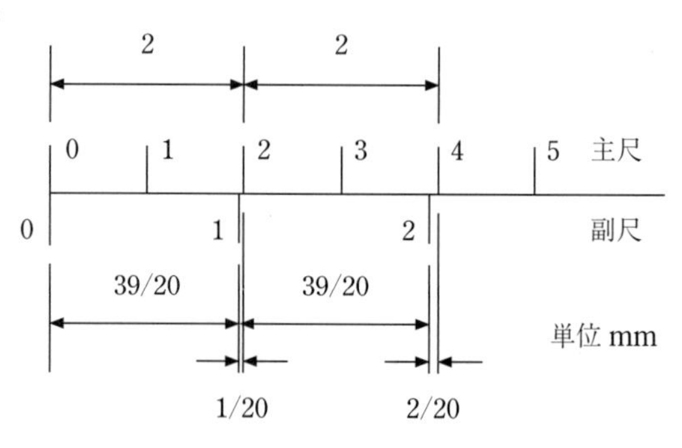

図 9　ノギスの目盛りの拡大図

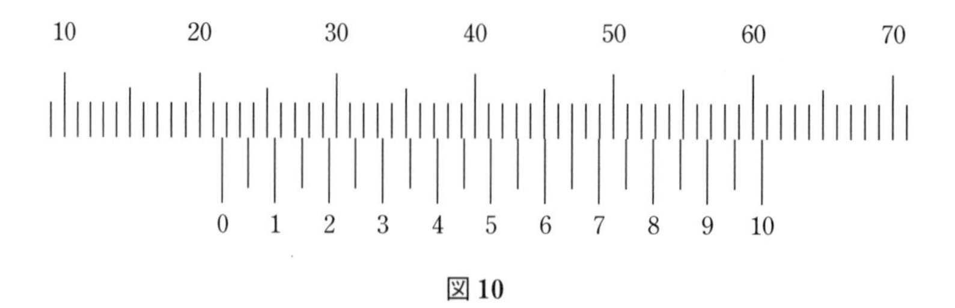

図 10

1−2）読取顕微鏡（遊動顕微鏡）

読取顕微鏡には縦横2方向にスケールがある．そのいずれも基準長 $S=25$ mm，最小目盛り $u=0.5$ mm，目盛り数50で，副尺目盛りは $n=50$ である．精度は $u/n=1/100$ mm である．目盛りの一致は $M/n=1$ 目盛りごとである．目盛りが見やすいようにルーペが取り付けられている．

注意することは主尺目盛りの0から0.5 mmの間を読んでいるのか，0.5から1 mm間を読んでいるのかにより副尺の読みは，0.00〜0.50か0.50〜1.00となることである．図12の場合は21.78 mmである．

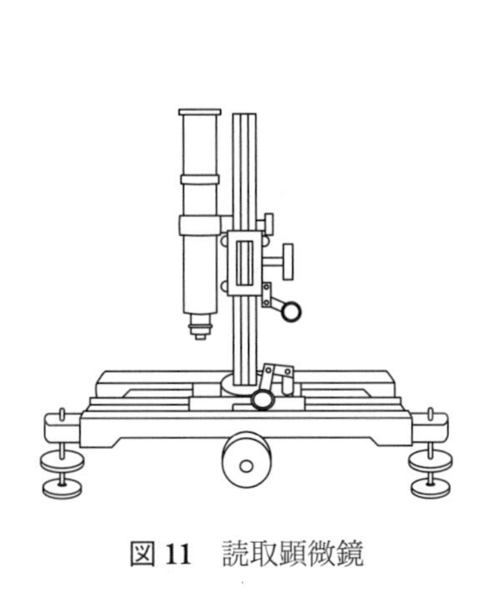

図11　読取顕微鏡

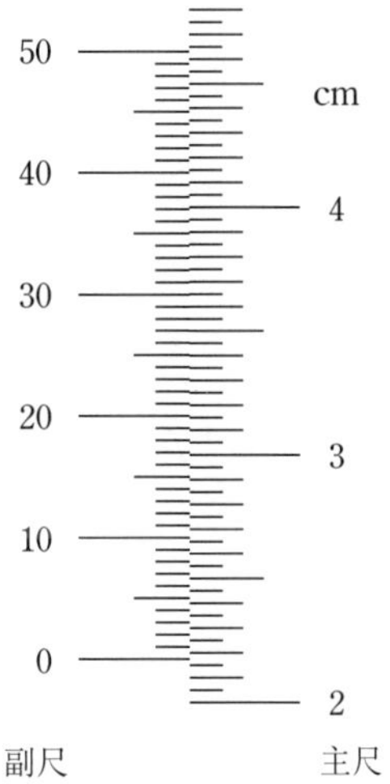

図12　目盛りの読み方

7.2.　マイクロメーター（スクリューマイクロメーター）

マイクロメーターは図13のような器具で，測定精度は1/100 mm（目分量で1/1000 mm）まで測定できる．

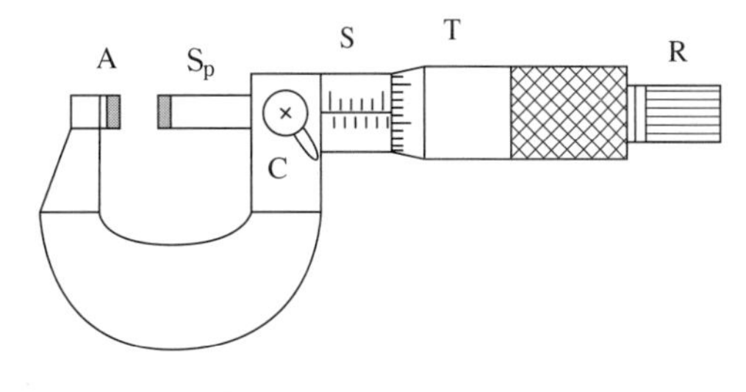

図13　マイクロメーター

T（シンブル）の部分を回すと，内部に仕掛けられたネジにより A（アンビル）と S_p（スピンドル）の間隔が変わるのでそこに物体を挟み長さを測定する．C（クランプ）はシンブルを固定するレバーである．S（スリーブ）上には0.5 mmピッチの目盛りがあり，シンブルには円周上に1回転で50目盛りがある．シンブルを1回転すると，スピンドルは0.5 mm移動し，その間にシンブル上の目盛りは基準線を50目盛り通過することになる．したがって，シンブル上の1目盛りは $0.5/50=1/100$ mm である．

使用法は，アンビルとスピンドルの間に被測定物体を挟み目盛りを読めばよい．このときスリーブを使わずR（ラチェット）を使ってスピンドルを繰り出す．ラチェットは物体にある力以上働いたら空回りし，不要な変形を防止することができる．何も挟まないとき0からずれているときは，0点を数回測定し平均をとった数値を求めておき補正すればよい．

図14の例では5.5＋36.3/100 = 5.863 mmである．最後の3は目分量で読む．

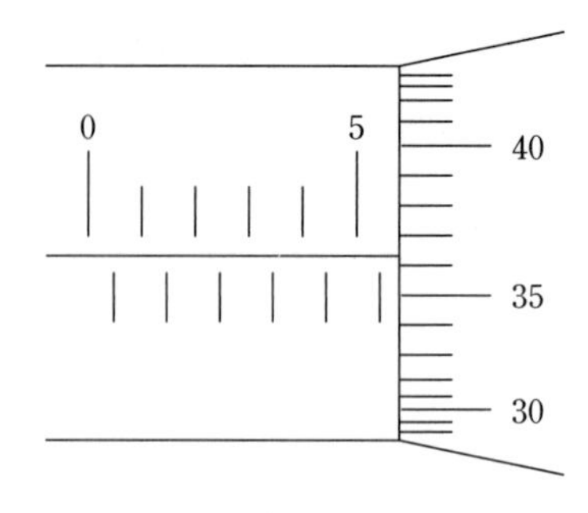

図14 マイクロメーターの目盛りの読み方
5.5＋0.363 = 5.863 mm

7.3. オシロスコープ

3−1）はじめに

オシロスコープは直接見ることのできない電気現象を，縦軸＝電圧，横軸＝時間 のグラフの形で視覚化することのできる計器である．グラフを読み取れば，波形，その電圧や周期，その他種々の情報を得ることができる．また，XYオシロスコープとして，リサージュ図形を描き，位相差，周波数比などを測定できる．

3−2）原　　理

1）構　　成

構成は，ブラウン管と電気回路からなり，電気回路は，垂直（縦軸）偏向回路，水平（横軸）偏向回路，同期回路よりなる．（図15　構成図）

それぞれの部分を説明しながら，どのようにして波形を表示するかを考えてみる．

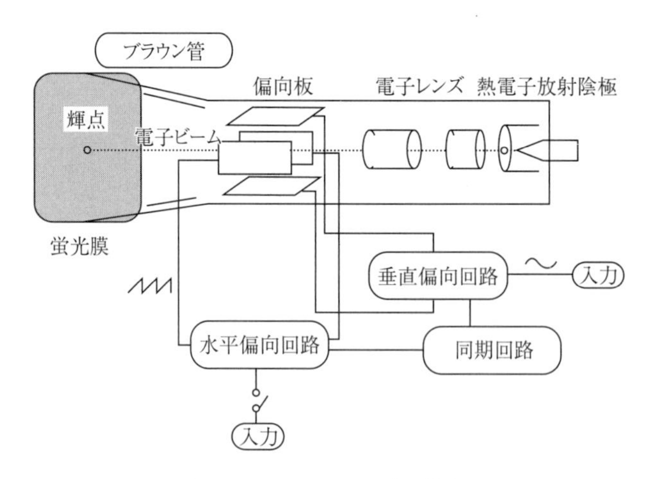

図15　オシロスコープの構成図

2）ブラウン管

ブラウン管は，熱電子陰極よりの電子を電子レンズでビーム状にして加速電極で加速し管面の蛍光膜に衝突させ，画面上に光った点（輝点）を生じさせる構造である．このままでは画面の中央に輝点が見えるだけであるので，電子ビームを挟んで，2対の板状の電極を上下（垂直偏向電極），左右（水平偏向電極）に置く．それぞれの電極に電圧を加えると電場（電界）が発生し，電子ビームをクーロン力により曲げる（偏向）ことができる．水平垂直偏向電極に加える電圧を変えることで，輝点を画面上のどこにでも移動することができる．

3）水平，時間軸（図16）

水平偏向電極には，水平偏向回路より鋸歯状波を加える．鋸歯状波は，ab（cd）の間は一定の割合で電圧が増加するので，輝点は左から右へと一定速度で移動し，bc（de）の間に元に戻ることを繰り返すことになる．この輝点の動きを掃引という．掃引速度が速いと，輝点は1本の直線（輝線）として見える．bc（de）の部分を帰線といい，帰線消去回路で画面には見えなくしてある．これでグラフの横軸（時間軸，水平軸）が完成したことになる．時間軸は画面上で水平方向に，sec/cm の単位となる．

4）垂　直　軸（図17）

この状態で観測しようとする信号電圧を垂直偏向電極に同時に加えると，横軸の時間に応じた電圧が上下方向に輝点の移動で示されることになる．縦軸（垂直軸）は画面上で垂直方向に，V/cm の単位である．

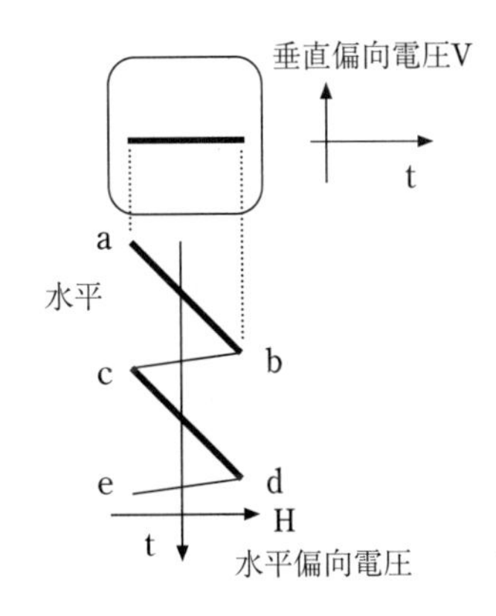

図16　水平偏向板に掃引信号として鋸歯状波を加えたとき．
垂直偏向板には信号を加えていない．

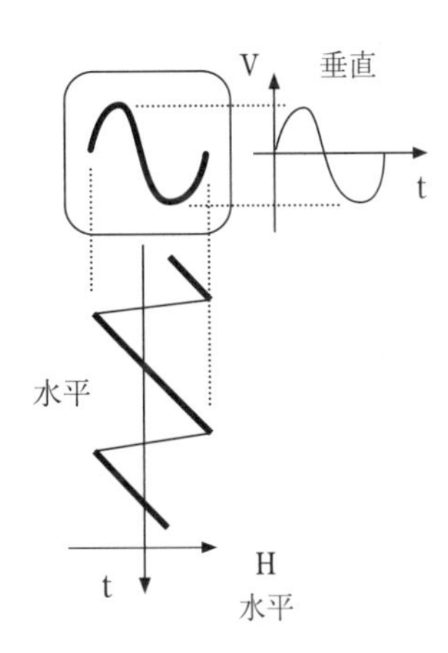

図17　掃引信号と垂直偏向板に観測信号を加えたとき．

5）同　　期

以上のようにして電圧波形が観測できたわけであるが，水平軸の掃引と観測信号とのタイミングが合わないと画面上の波形は止まって見えないことになる（図18）．波形が止まって見えるためには，観測信号に合わせて掃引を開始すればよい（図19）．このようにタイミングを合わすことを，同期をとるという．また同期をとらないで水平軸を掃引することをフリーランの状態という．

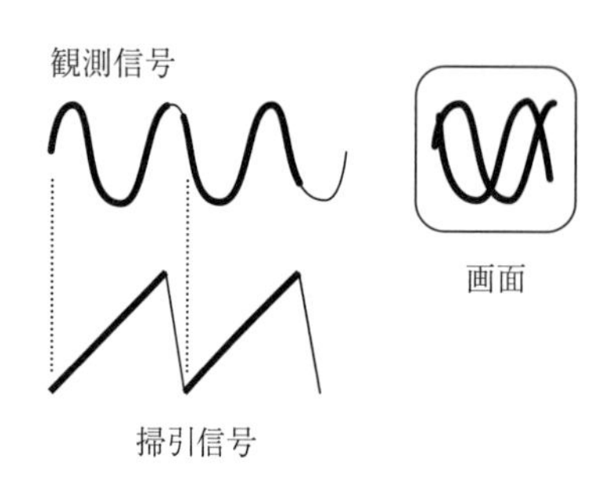

図18　観測信号と掃引信号との同期がとれていない場合．

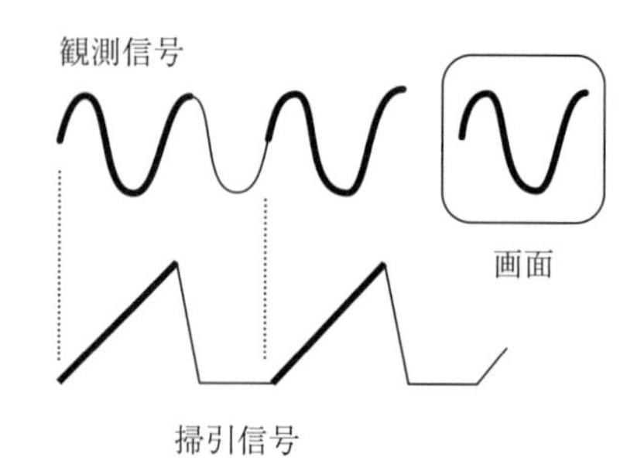

図19　観測信号に合わせて掃引信号を発生させた場合．

6）リサージュ図形

リサージュ図形を観測するときは，鋸歯状波を加えずに，水平，垂直ともにそれぞれ信号を加える．加えた信号の周波数が同じであれば，図2（p.109）のような図形が観測でき，位相差が観測できる．周波数が違えば，図20のように周波数比が測定できる．

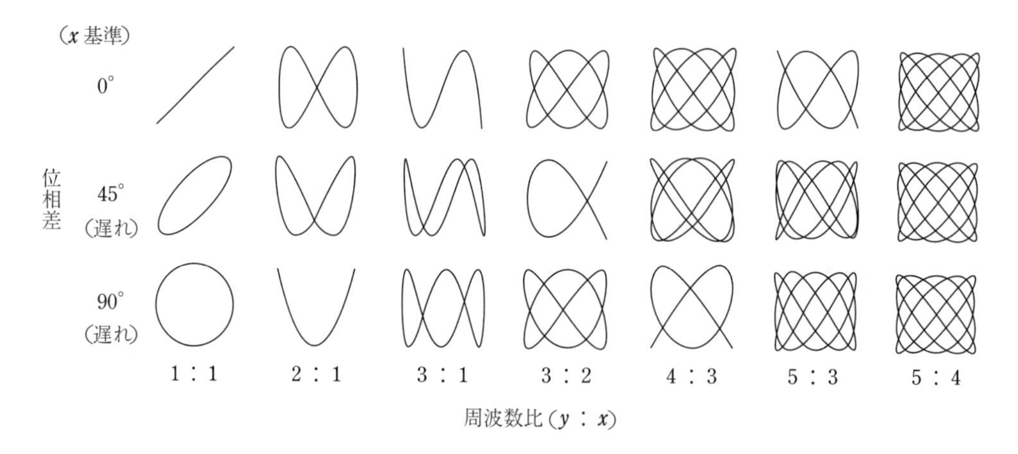

図20　リサージュ図形　水平，垂直ともに同振幅の正弦波である場合．

3－3）観　　測

実験室で使用している機器（IWATSU SS-7603）を使って，トランジスタ特性の測定を例に波形観測，音速の測定を例にリサージュ図形観測を説明する．

オシロスコープ正面パネルを見ると，中央に画面，その下に電源スイッチ，画面調整があり，左に垂直が2系統，右上に水平，右下に同期がある．

1）波形観測（トランジスタ特性の測定）（CH 2は使用しない）

（1）画面表示方式の選択 VERT MODE，Y MODE を CH 1 にする．垂直 CH 1 の GND を OUT（押し込まない状態）にする．掃引モード SWEEP MODE を AUTO に，同期結合 COUPLING を INT　AC に，同期レベルの調整 LEVEL を中央に，同期信号源の選択 SOURCE，X MODE を CH 1 に，SINGLE を OUT（押し込まない状態）にする．そして，垂直，水平ポジション POSITION を調整し輝線を画面の目盛りの中央に合わせる．輝線が画面上に見えないときは，輝度 INTEN を調整してみる．

（2）垂直 CH 1 の入力感度 VOLTS/DIV を調整し垂直方向にちょうどよい大きさの波形にする（0.5 V ぐらい）．結合 AC，DC を AC にする．

（3）掃引時間 SEC/DIV を調整し，波形を左右に拡大，縮小して見やすいようにする（1 m SEC ぐらい）．

以上で波形を観測できるが，同期する位置を変更してみてもよい．

A	結合	AC，DC	AC
B	垂直 CH 1 の GND	CH 1 の GND	OUT
C	画面表示方式の選択	VERT MODE，Y MODE	CH 1
D	同期レベルの調整	LEVEL	中央
E	掃引モード	SWEEP MODE	AUTO
F	同期結合	COUPLING	INT AC
G	同期信号源の選択	SOURCE，X MODE	CH 1
H		SINGLE	OUT
I	垂直，水平ポジション	POSITION	調整

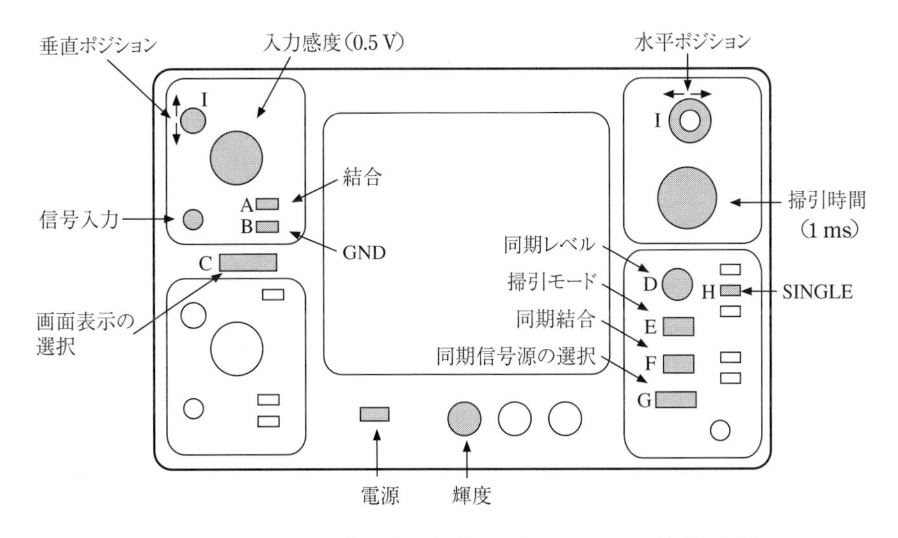

図 21　オシロスコープ正面　波形観測（トランジスタ特性の測定）

2）リサージュ図形観測（音速の測定）

（1） CH 1, 2 の GND を OUT（押し込まない状態）にする．

（2） 掃引時間 SEC/DIV スイッチを X-Y に，同期信号源の選択 SOURCE，X MODE を CH 1 に，画面表示方式の選択 VERT MODE，Y MODE を CH 2 にする．垂直，水平ポジション POSITION を調整し輝線を画面の中央に合わせる．輝線が画面上に見えないときは，輝度 INTEN を調整してみる．

（3） 水平 CH 1 の入力感度 VOLTS/DIV を 1 V に，垂直 CH 2 の感度 VOLTS/DIV を 0.1V にする（CH 1 信号入力コネクタには X 軸入力として発振器（Oscillator）の信号を，CH 2 には Y 軸入力としてマイクからの音声を接続する）.

（4） 入力感度 VOLTS/DIV を変え，図形の大きさを調整する．

A	CH 1 の入力感度	VOLTS/DIV	1 V
B	CH 1 GND	GND	OUT
C	画面表示方式の選択	VERT MODE，Y MODE	CH 2
D	CH 2 の入力感度	VOLTS/DIV	0.1 V
E	CH 2 GND	GND	OUT
F	掃引時間	SEC/DIV	X－Y
G	同期信号源の選択	SOURCE，X MODE	CH 1
H	水平ポジション（右上）	POSITION	調整
I	垂直（CH 1）ポジション	POSITION	調整
J	CH 1 信号入力コネクタ	X 軸入力として発振器の信号	
K	CH 2 信号入力コネクタ	Y 軸入力としてマイクからの音声	

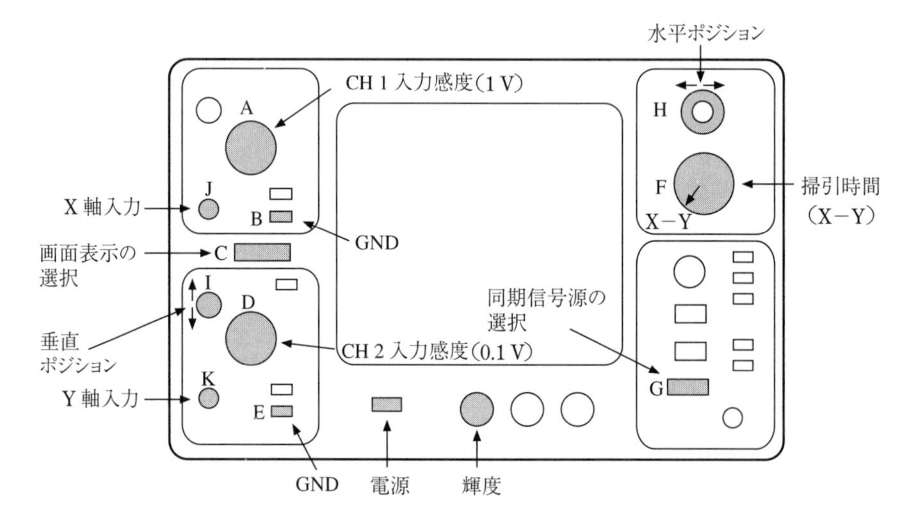

図 22　オシロスコープ正面　リサージュ図形（音速の測定）

8. 受　講

8.1. 物理学実験受講とレポート提出の方法

1）実験室は2号館2階にある．室内の配置は実験台配置図（p. 40）のようになっている．

2）各回に実施する実験内容とテーマは実験題目割当表（p. 39）に従う．第1回では，班分けの他，物理学実験を受講するにあたってのガイダンス（講義）を受ける．第2回は全員が基礎実験B「金属棒の密度の測定」を行う．割当表に示す第2回の横列には，班ごとに基礎実験Bを行う実験台の番号が記載されており，該当する実験台で実験を行う．第3回は全員，基礎実験A「レーザー光による光の実験」を行う．第4回の「まとめ1」では，すでに実施した基礎実験Bのレポートの修正と訂正を行う．第5回では，実験台配置図に従い，班ごとに割り当てられた実験をその番号が記載された実験台にて行う．例えば，1班の者は実験11を番号11―複振り子と記載された実験台で行えばよい．第6, 7, 9, 10, 11回も同様に実験台配置図で指定された番号の実験台にて実験を行う．第13回は総仕上げ課題として，全員が課題実験「振り子による重力加速度の測定」に取り組む．なお，第8回の「まとめ2」，第12回の「まとめ3」，および最終回にあたる第14回ではレポートの修正と訂正を行う．

3）実験室は授業開始時刻（アサ9時10分，ヒル13時30分）の10分前に開戸する．入室したら，入口ドアに貼り付けてある「班カード」を取り，実験台に貼り付ける．続いてすぐ実験を始める．かばん，コートなど実験に必要でないものは机の下に入れること．

4）基本的には各実験テーマに対する詳細な説明は行わないので，特に予習が必要である．教科書をよく読んで，必要ならば物理，力学の教科書にも目を通しておくこと．実験の目的，原理，実験方法，機器の使用法など，すなわち何を測定するのか，そのためにはどうしたらよいのかをあらかじめ考えておくことが肝要である．データを記録しておく表，有効数字の桁数，単位，グラフの軸などを準備しておくと非常に有効である．実験台に注意点を記載したカードがあるときは必ずよく読むこと．

5）実験にあたっては「よりよい実験を行うために」（p.2～p.4）の項を熟読し，細心の注意をはらい，常によいデータが得られるよう工夫をしながら実験を行うこと．疑問点があれば随時指導教員に質問する．実験室でのデータの記録，計算，メモなどは全部実験専用ノートに書き，バラ紙に書いてはいけない．グラフはグラフ用紙（1 mm 方眼）を使う．グラフ用紙，関数電卓，定規などは各自持参すること．

6）実験の開始直後出席をとる．その後の遅刻者は必ず申し出ること．

7）終了時間を守る．そのために測定は約1時間前に終わり，あとはまとめとして，実験結果の計算，実験内容の説明，あとかたづけができるようにしなければならない．

8）実験が終了したら結果の概略値を求めた後，データ，グラフ，計算結果を記載したノート・グラフ用紙，および教科書を持って，3人揃って指導教員のところまで行く．そこで実験内容・結果を説明し，よければ教員が実験記録に検印を押す．これでその日の課題は終了である．実験装置をかたづけ，ゴミなどあれば掃除をすること．レポートの表紙は実験室入口近くに置いてあるので，レポートを書く人はそれを1枚持ち帰る．実験記録の記入欄は少なくとも第2回の実験までに記入を済ませておくこと．机のディスプレイに注意を指示することがあるのでよく見ること．退室時に「班カード」を入口ドアの所定の場所に戻す．

9）レポートは次回実験の開始までに，レポート箱（p.40参照）に投入する．遅れたときも箱に入れる．ただし，基礎実験Aと課題実験については実験当日中に提出する．提出されたレポートは採点し，その日の実験が終了して出席検印をもらった後に返却する．訂正の必要があるときは“再提出”として返却する．レポートが合格したときは提出者のみ実験記録に検印を押してもらう．

10）実験は全回の出席が必要である．やむを得ず欠席したときは補講を行う．補講の受講者は全員レポートを書く必要がある．休むと出席数が不足するので，休まないよう注意せよ．基礎実験A～B，課題実験のすべてのレポートは全員，それ以外の実験は1班につき1通出せばよい．

11）講義，実験の出席，および，基礎実験・課題実験を含めて5通の合格レポートのある者を単位認定の対象者とする．ただし．補講を受けた者は6通以上にもなりうる．

12）提出したレポートが再提出になったときは

（1）表紙を新しくしないで元のままの表紙を使う．

（2）指摘された部分，項目は訂正するが，そのときの指示は1ヵ所でも同じ誤りがないかどうか全ページについて見直す．また，もう一度教科書を読み直す必要も生じるであろう．

（3）同じ指摘を2度受けないように，よく理解してから訂正する．自分で調べてわかればよいが，それでも理解できない場合は教員に尋ねること．

（4）訂正するとき元の悪い部分と，訂正した部分とがよくわかるように工夫する．

（5）再提出も最初にレポートを提出するときと同様に，次回までにレポート箱に投入する．

13）実験は2時限続きで，途中休みはない．実験中に実験室を出ることを禁ずる．やむを得ない場合は申し出よ．

14）実験室内は禁煙で，飲食を禁ずる．スリッパなど実験を行う上でケガをする危険のある履物も禁止する．さらに，入室前にスマートフォンや携帯電話の電源を切ること．

8.2. 実験題目割当表

回	1	2	3	4	5	6	7	8	9	10	11	12	13	14
班	講	基B	基A	S1	E	E	E	S2	E	E	E	S3	課	S4
1	講義室にて	11	11	第5回の座席に座る	12	31	54	第9回の座席に座る	43	11	21	11	座席は別途指示する	11
2		11	11		31	54	43		11	21	12	11		11
3		11	11		54	43	11		21	12	31	11		11
4		11	11		43	11	21		12	31	54	11		11
5		11	11		11	21	12		31	54	43	11		11
6		11	11		21	12	31		54	43	11	11		11
7		12	12		12	31	54		43	11	21	12		12
8		12	12		31	54	43		11	21	12	12		12
9		12	12		54	43	11		21	12	31	12		12
10		12	12		43	11	21		12	31	54	12		12
11		12	12		11	21	12		31	54	43	12		12
12		12	12		21	12	31		54	43	11	12		12
13		31	31		12	31	54		42	11	21	31		31
14		31	31		31	54	42		11	21	12	31		31
15		31	31		54	42	11		21	12	31	31		31
16		31	31		42	11	21		12	31	54	31		31
17		31	31		11	21	12		31	54	42	31		31
18		31	31		21	12	31		54	42	11	31		31
19		21	21		12	31	54		41	11	21	21		21
20		21	21		31	54	41		11	21	12	21		21
21		21	21		54	41	11		21	12	31	21		21
22		21	21		41	11	21		12	31	54	21		21
23		21	21		11	21	12		31	54	41	21		21
24		13	13		21	12	31		54	41	11	13		13
25		14	14		12	31	54		44	11	21	14		14
26		41	41		31	54	44		11	21	12	41		41
27		42	42		54	44	11		21	12	31	42		42
28		43	43		44	11	21		12	31	54	43		43
29		43	43		11	21	12		31	54	44	43		43
30		44	44		21	12	31		54	44	11	44		44
31		51	51		12	31	54		33	11	21	51		51
32		32	32		31	54	33		11	21	12	32		32
33		61	61		54	33	11		21	12	31	61		61
34		33	33		33	11	21		12	31	54	33		33
35		33	33		11	21	12		31	54	33	33		33
36		21	21		21	12	31		54	33	11	21		21

□ は座席番号を示す.

E は実験（experiment），S1 はまとめ（summary 1），S2 はまとめ 2，S3 はまとめ 3，S4 はまとめ 4 である.

ただし，課は課題実験，14 回目の S4 では報告書の整理と成績確認を行う.

8.3. 物理実験室実験台配置図

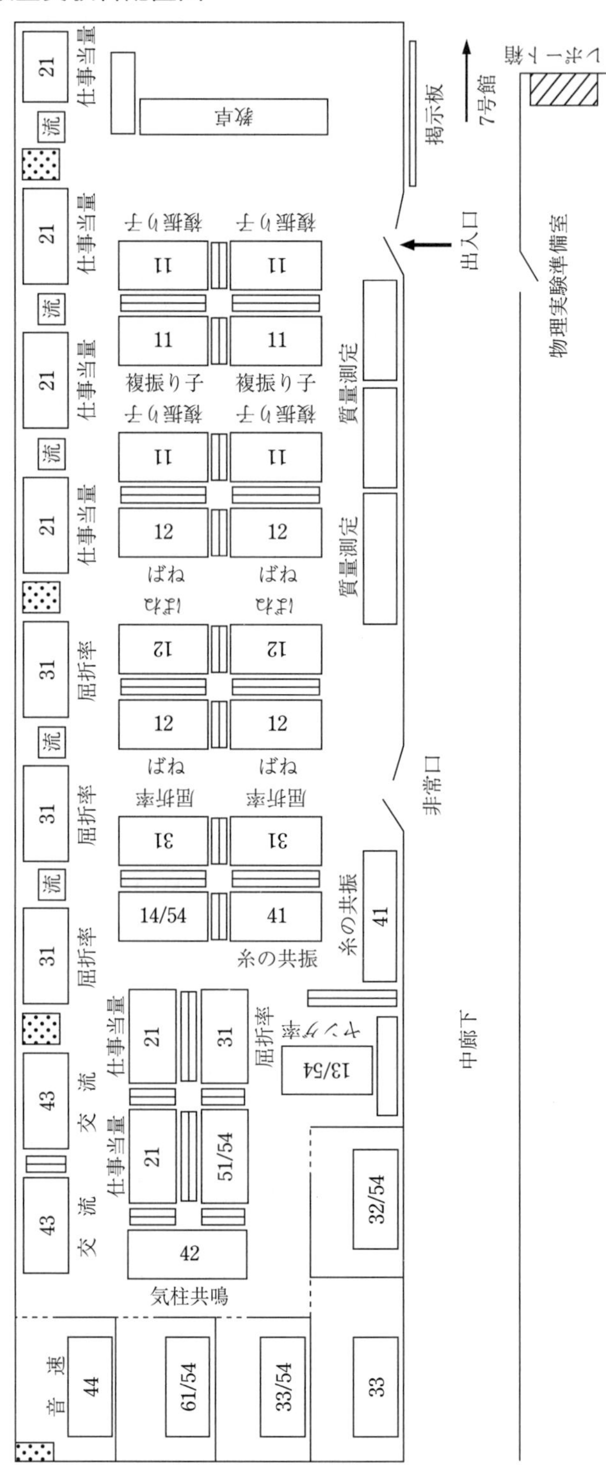

基礎実験 A　レーザー光による光の実験

目　的：レーザー光線を使って基本的な光の諸現象を体験する．

注　意：この実験で扱うレーザー光線は高エネルギーであるので，直接あるいは何かに反射した光線を目に入れると網膜を損傷し危険である．自分だけでなく他人に対しても，十分に注意すること．

この実験は光の諸現象の体験を目的としているので，原理などは非常に簡略化して記述してある．詳しくは参考書などによっていただきたい．

はじめに：電磁波の中で人の目で感じることのできる，ほぼ，波長 380 nm〜780 nm の範囲を可視光線と呼ぶ．真空中での速度は 2.998×10^8 m/s である．光は電磁波であるので媒質中を進むときは，波と同じ性質を示す．媒質とは光を通す物質のことで，真空，空気，水，ガラスなどがある．光は陰にも回り込む回折や，波と波が強め合ったり，弱め合ったりする干渉を起こす．

実験装置：実験装置の全体図を示す．レーザー装置には図のように前面にシリンドリカルレンズが取り付けてあり点状のビームを線状ビームに変換している．取り外すと点状ビームになる．レンズを取り外したときなくさないように注意せよ．実験が終了したときはレンズを取り付けておくこと．

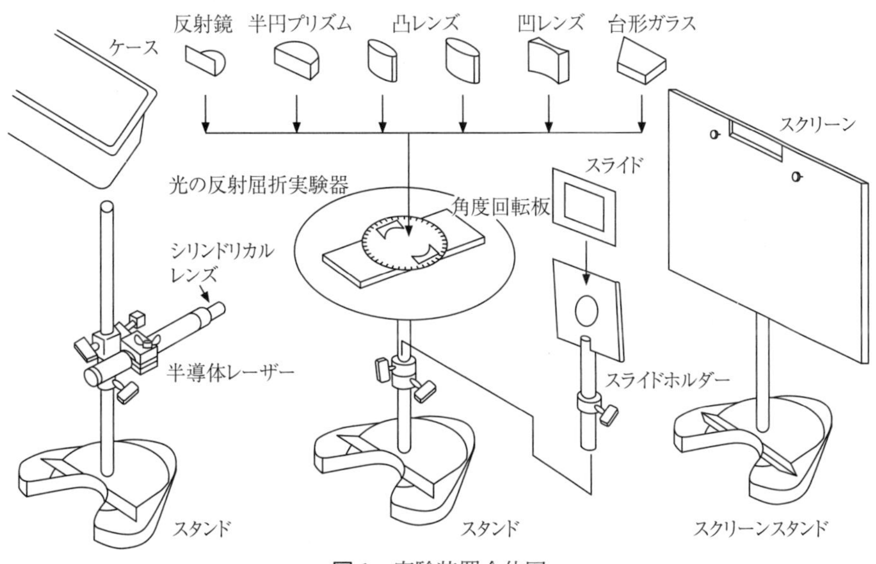

図 1　実験装置全体図

1. 幾何光学

光は波長が非常に短いために直進すると近似できるので，光を直線の集まりと考え，これを光線と呼ぶ．この光線を使って光を研究する方法は幾何光学と呼ばれる．幾何光学の基本となる光の進み方は直進，反射，および，屈折である．

1－1 光の直進

均一な媒質の中では光は直進する．媒質が均一だということは，その物理的性質が各部分で同一であることを意味する．たとえば，空気についていえば，圧力，密度，温度などが一定であることをいう．

実験 1. 光の直進の観察

レーザーをスタンドに取り付ける．レーザービームが線状になっていることを確認する．レーザー装置を水平になるように取り付ける．ビームは鉛直方向に広がっているようにする．円形台スタンド上にグラフ用紙だけを置き，光線の進み方を観察，記録する．記録の仕方は，グラフ用紙上に鉛筆で光線をなぞる．この実験に限らず，光線の進んだ方向を矢印で記録しておくこと（図 3 参照）．記録には何の記録かわかるようにタイトルを付けておくこと．以降も同じ．

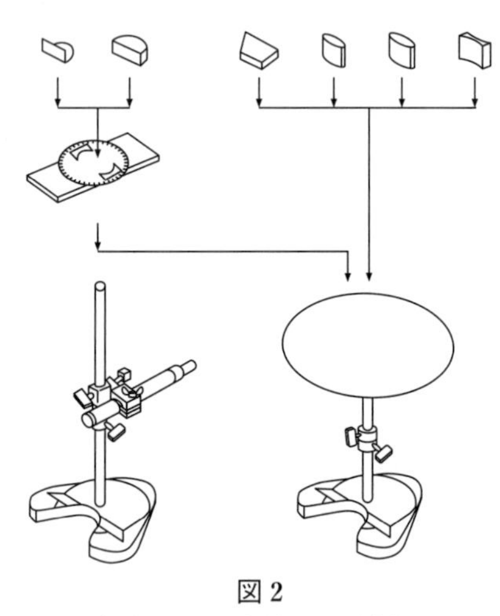

図 2
実験 1. から実験 5. の配置図

レポート：グラフ用紙に光の進んだ様子を記録した．観察の結果（ここに文章を書く．）

実験 2. 台形ガラスでの光の進み方の観察

台形ガラスをグラフ用紙の上に置き光の進み方を観察する．光線が空気からガラスに入るとき，ガラスから空気に出るとき，反射や屈折が起こっているのを観察する．鉛筆で光線をなぞり記録する．ガラスの位置も記録しておく．

レポート：グラフ用紙に光の進んだ様子を記録した．観察の結果＿＿＿＿＿＿＿＿＿＿

1－2 反射の法則

入射光線 AB，法線 NB，反射光線 BC は同一平面内にあり，かつ

$$i = i' \tag{1}$$

である.

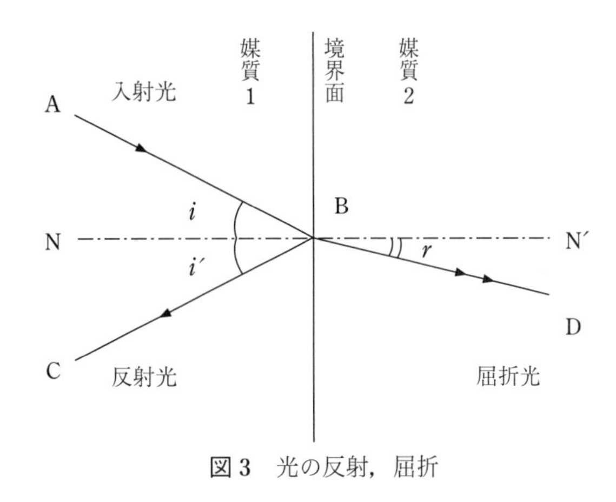

図3　光の反射，屈折

1－3　屈折の法則（Snell の法則）

入射光線 AB，法線 NB，屈折光線 BD は同一平面内にあり

$$\frac{\sin i}{\sin r} = n \qquad (2)$$

が i の如何にかかわらず成立する.

実験 3.　光の反射の観察

円形台に角度回転板を置き，その上に L 字型の反射鏡を置く．反射鏡を取り付けるとき乱暴にして溝を壊さないようにすること．入射角と反射角が等しいことを観察せよ.

レポート：光の入射する角度を変え測定した．その結果の一例を挙げると，入射角 i ＿＿＿ 反射角 i' ＿＿＿となった．結論＿＿＿＿＿＿＿＿＿

実験 4.　光の半円プリズムでの屈折の様子の観察，屈折率の測定

反射板を半円プリズムに替えて屈折の様子を観察する．光線を半円プリズムの中心に入射すると，光がプリズムを出て空気に入るときプリズムの面と垂直になるので屈折しない．したがって，屈折角が容易に測定できるようになっている．入射角を変え屈折角を測定する．それより屈折率を算出する.

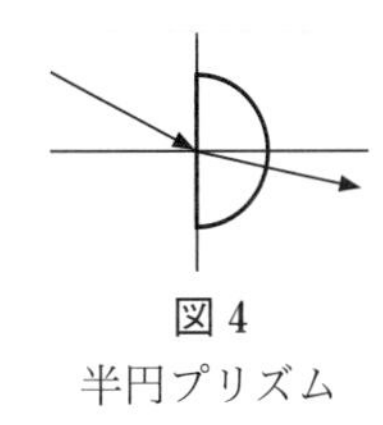

図4
半円プリズム

レポート：測定データと，計算して求めた屈折率 n を表1に示す.

表1　入射角 i，屈折角 r と屈折率 n の計算結果の表　［　］は単位

測定回数	入射角 i［＿＿］	屈折角 r［＿＿］	屈折率 n
1			

屈折率の平均　n ＝＿＿＿＿＿＿＿

屈折率 n の計算例を1つ示す.（理論式，データを代入した式，計算結果の順に記述すること．以後すべて，計算を示すとき同様に記述すること．教科書 p. 7 を参考にする.）

n ＝

したがって，半円プリズムの屈折率 n（平均値）は＿＿＿＿＿＿＿である．

1−4　レンズ

凸レンズの中心に向かって光線を入射すると，光線は直進する．その光線に平行にずらした光線を入射してみると図のように1ヵ所に集まる．このように平行光線群を入射したとき，その光の集まる点を焦点という．レンズの中心からその点までの距離を焦点距離という．

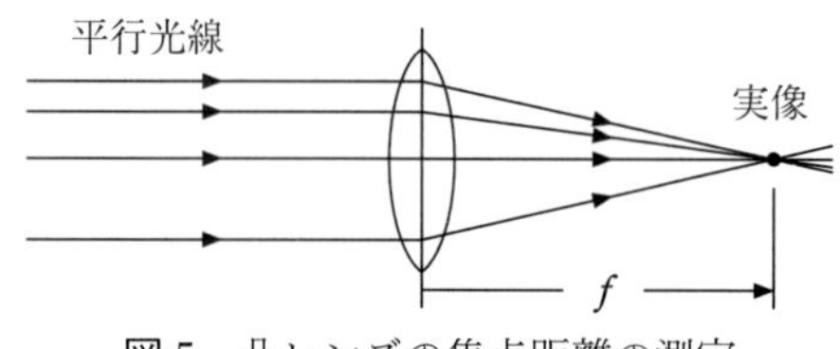

図5　凸レンズの焦点距離の測定

凹レンズの場合は平行光線を入射するとレンズを通過後光線は発散するので，このような場合は発散した光線を逆方向に延長し収束した点を焦点（虚焦点）とする．レンズの中心からの距離を焦点距離というが，この場合は光線の進む方向と逆に測定するので負の量とする．

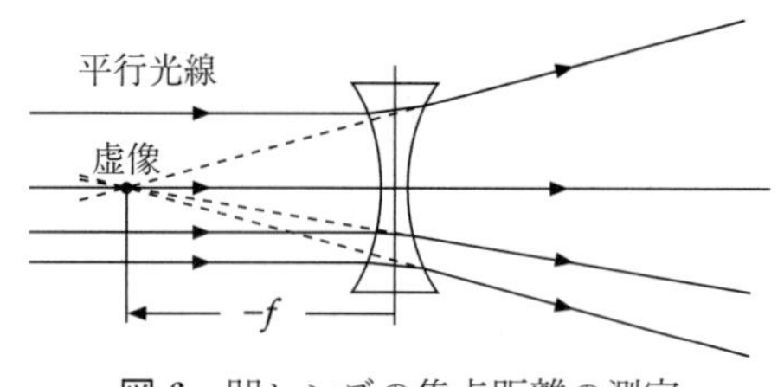

図6　凹レンズの焦点距離の測定

実験5．凸レンズ，凹レンズを通過した光線の観察，焦点距離の測定

グラフ用紙に図7のような線を書いておく．円形台の上にグラフ用紙を置く．光線をグラフ用紙の線に合わせる．凸レンズを光線の中心に置く．光線をなぞっておく．レンズの中心を通った光は曲がらないから，入射光線とレンズを通った光線が一直線になるように置く．複数の平行光線を作り光線をなぞる．複数の光線が交わる位置に像（実像）ができ，この場合は平行光線を入射したから焦点（実焦点）である．レンズの中心から焦点までの距離，焦点距離を測定する．

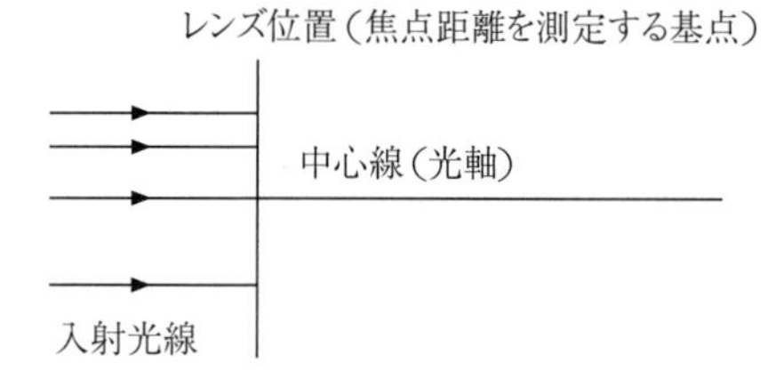

図7　レンズの焦点距離の測定用補助線

凹レンズに取り替える．同様にして光線をなぞる．レンズ通過後の光線を光源側に延長して複数の延長線が交わる位置を作図で求める．その位置に像（虚像）ができ，焦点（虚焦点）となる．レンズの中心より焦点までの距離（負の量になることに注意）を測定する．レンズは通過した光を利用する装置であるので，反射した光を記録しないこと．見えた光は実線で，延長線は点線で描く．進む方向の矢印を記入すること．

レポート：グラフ用紙に光の進んだ様子を記録した．焦点距離 f は作図の結果

凸レンズの f は＿＿＿＿＿　＿＿＿＿＿　[単位]

凹レンズの f は＿＿＿＿＿　＿＿＿＿＿　[単位]　　となった．

2．物理光学（波動光学）

幾何光学では光は直進するとしたが，回折，干渉という波特有の現象がある．光を波として扱う方法を物理光学という．

2−1　単スリットによる回折

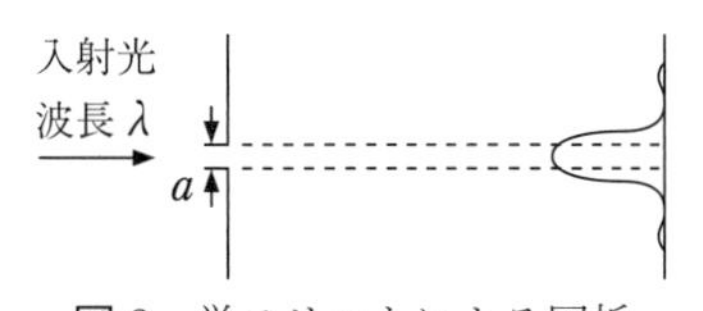

図 8　単スリットによる回折

幅 a のスリット（幅のせまいすきま）の後ろにスクリーンを立て，スリットを通過した光を観察してみると，スリットの幅だけ明るくなるのでなく，それよりも幅広く光がきている．これは，光が直進せず，拡がっていることになる．このような現象を回折という．

さらによく見ると，その回り込んだ外側には干渉を起こし暗い部分ができている．また，その様子はスリットの幅の大きさが関係している．

スリット幅を a，回折角を θ，次数を m とすると，

$\theta = 0$　　一番明るい

$a \sin\theta = m\lambda$　　暗い

$a \sin\theta = \left(m + \frac{1}{2}\right)\lambda$　　明るい

$$m = 1, 2, 3, \cdots \tag{3}$$

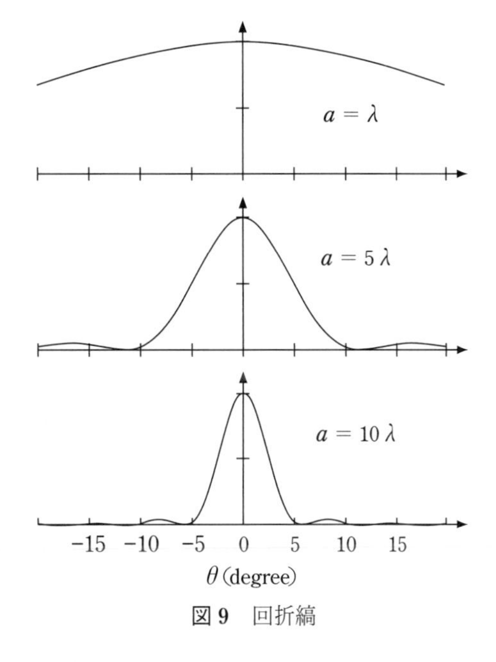

図 9　回折縞

となる．

図 9 は回折パターン（縞）の様子でスリット幅は入射光の波長で表してある（図 17 参照，回折格子のかわりに単スリットになる）．

実験 6．単スリットによる回折パターンの観察

レーザーよりシリンドリカルレンズを取り外し，点状ビームとする．取り外したレンズをなくさないように注意する．円形台を取り外し代わりにスライドホルダーを取り付ける．さらにスクリーンにグラフ用紙を取り付けて立てる．

レーザーは机の端に置き，そのすぐそばにスライドホルダーを置く．そして，反対側の端にスクリーンを置く．そして，スライドを手に取り数種類のスリットがあるのを確認する（図 10）．

スリットとは細い隙間のことで，スライドの黒い部分の中に透明な線があり，それが細い隙間（スリット）である．光は（透明な線）スリットを通過する．単スリットは 1 本のスリッ

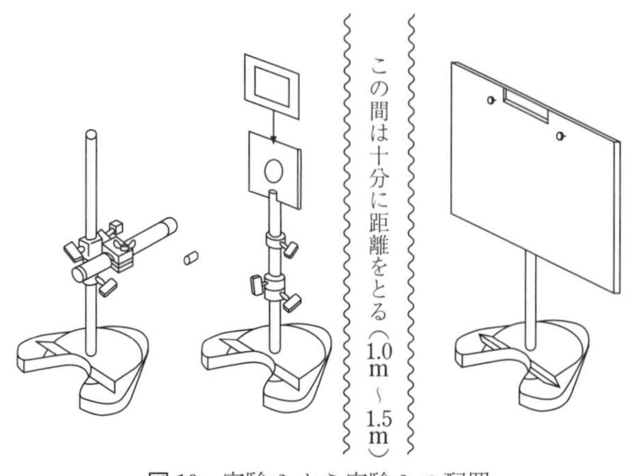

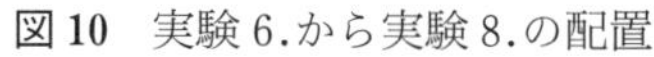
図 10　実験 6.から実験 8.の配置

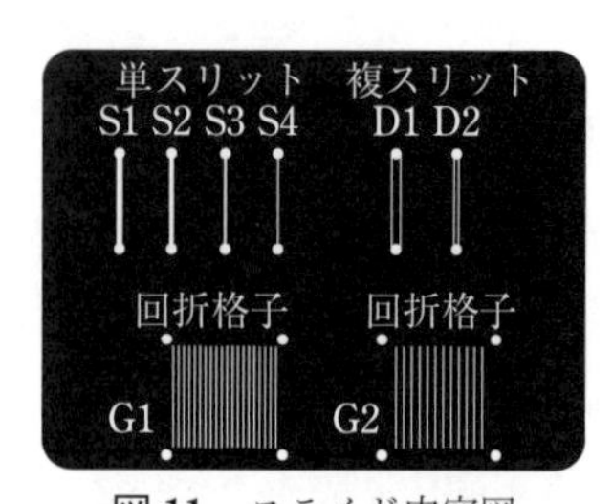

図 11　スライド内容図
白丸は目印である.

トということである．スライドの 1/4 部分に，スリット幅（S1）1.50×10^{-4} m（15.0×10^{-5} m），（S2）7.7×10^{-5} m，（S3）4.2×10^{-5} m，（S4）2.7×10^{-5} m の単スリットがある．さらに，その横の 1/4 部分には 2 本のスリットで構成されている複スリットが 2 つあり，間隔は（D1）1.00×10^{-4} m（10.0×10^{-5} m），（D2）5.0×10^{-5} m である．そして，下の段，左右には 2 種類の回折格子がある．回折格子は等間隔に多数のスリットで構成されたもので，スリットの数は 1 cm あたり（G1）168 本と（G2）124 本である．

実験は，まずはじめに一番スリット幅の大きい単スリットにレーザービームを当てる．そうすると回折パターンがスクリーン上に現れるはずである．

光の縞模様がそれである．明るく光った部分を明線とか，明点という．しばしば明るい線状や点状の形で観察されるのでそのようないい方をする．明線（明点）の中央を明線の位置とする．それに対して，明線と明線の間の暗い部分を暗線という．明線と同様暗線の中央を暗線の位置とする．明線，暗線は繰り返しできるので，明線（暗線）と明線（暗線）の間の距離を明線（暗線）の間隔という．

明線を鉛筆でなぞりグラフ用紙に記録する．レーザー光線が直進したときの位置も記録しておく．グラフ用紙に書かれた記録から中心の明線の幅（図 12 に示す）を測定する．

スリット幅により，スクリーン上の回折パターンがどう変化するかを観察する．

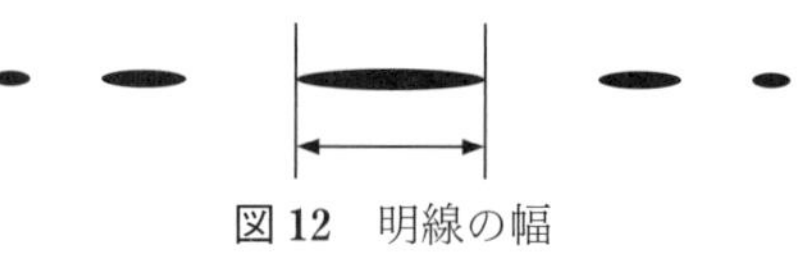
図 12　明線の幅

レポート：グラフ用紙に回折パターンを記録した．

回折の大きさを表す数値として，中心の明線の幅を測定し，表 2 に示す．

観察結果からスリット幅が狭くなると，回折が＿＿＿＿なることがわかった．

表 2　スリット幅と明線の幅の表

スリット幅［×　　　　m］	明 線 の 幅［×　　　m］

2−2　干　　渉（複スリットの干渉）

同一光源からの光を 2 つのスリットを通しスクリーンに映し出してみると，等間隔の縞模様を観察することができる．これは 2 つの光がスクリーンに達するまでに進む距離が異なる，すなわち経路差ができるためである．経路差の大きさによっては図 13 の（a）のように強め合う場合と，（b）のように打ち消し合う場合ができる．これを干渉という．

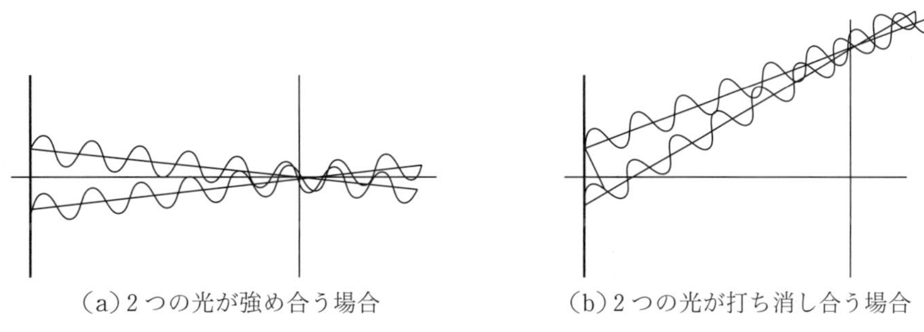

（a）2 つの光が強め合う場合　　（b）2 つの光が打ち消し合う場合

図 13　光の干渉

2 つのスリットによる回折光による干渉を考える．図のように b だけ離れた 2 本のスリット $S_1 S_2$ を通った波長 λ の光が，それから ℓ 離れたスクリーン上の点 P に達するときの経路差 d を求め考察すると，

$d = m\lambda$ のときに強め合い

$$x = m\frac{\lambda\ell}{b} \qquad m = 0, 1, 2, \cdots \text{明} \qquad (4)$$

$d = \left(m + \frac{1}{2}\right)\lambda$ のときに打ち消し合う

$$x = \left(m + \frac{1}{2}\right)\frac{\lambda\ell}{b} \qquad m = 0, 1, 2, \cdots \text{暗} \qquad (5)$$

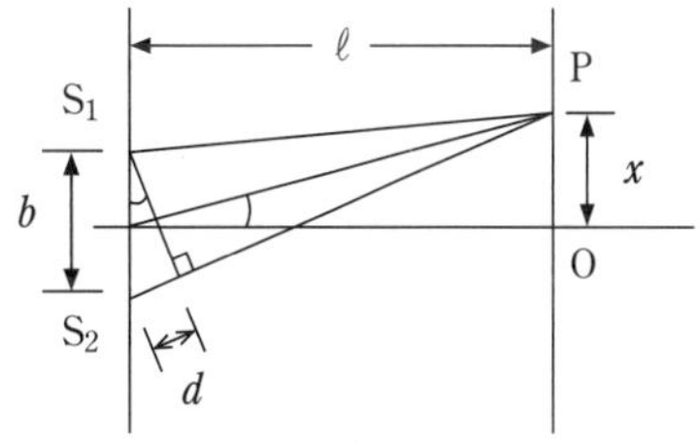

図 14
2 つのスリットによる干渉

スクリーン上の位置 x により，明暗ができ，0 次付近では同じ明るさの縞模様が等間隔で見えることになる．

実験 7.　複スリットによる干渉パターンの観察

複スリットにレーザービームを当てる．スリット間隔は 2 種類ある（図 11）．間隔により干渉パターンがどう変化するか観察する．スクリーンに映った明点を記録しておく．

<u>レポート</u>：グラフ用紙に干渉パターンを記録した．

スリット間隔とその干渉パターンの測定結果を表 3 に示す．

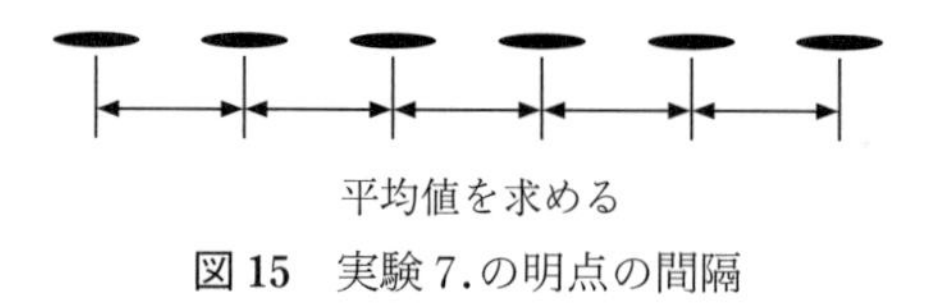

図 15　実験 7. の明点の間隔

表 3　スリット間隔と明点の間隔の表

スリット間隔［×　　　m］	明点の間隔の平均値［×　　　m］

観察結果からスリット間隔が狭くなると，観察される明点の間隔が＿＿＿＿＿ことがわかった．

2－3　回折格子（多数スリットの干渉）

図のようにスリットを間隔 b で多数並べたものを回折格子という．このスリットの回折光同士の干渉を調べると，

$$b \sin \theta = m\lambda \qquad m = 0, 1, 2, 3, \cdots \tag{6}$$

の条件が整ったときのみ明るくなる．それ以外の所は打ち消し合い暗くなる．回折格子を通過した光はとびとびの明点ができることになる．明点の位置は入射光の波長に関係しているので入射光線の波長を調べることができる．

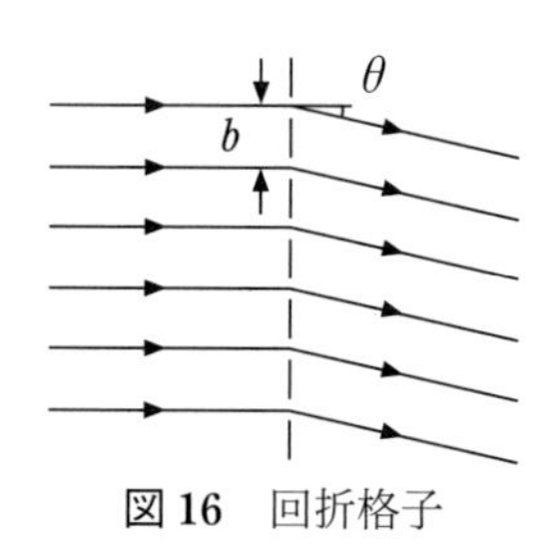

図 16　回折格子

<u>実験 8.　回折格子による回折光の観察と入射光線の波長の測定</u>

回折格子にレーザービームを当てる．回折光を観察する．明点の次数，位置を記録，測定する．明点の位置と，回折格子とスクリーンまでの距離を測定し，回折角を求める．それぞれの回折格子には 168 本/cm と 124 本/cm の間隔でスリットが設けられている（図 11）．測定データより入射光線の波長を求める．

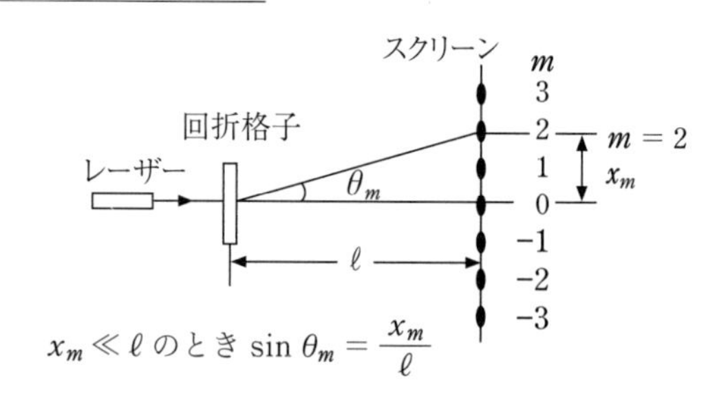

図 17　回折格子説明図

<u>レポート</u>：グラフ用紙に回折光を記録した．

スリットの間隔 b を格子定数という．1.00 cm あたり 168 本と 124 本の回折格子のそれぞれの格子定数を b_1, b_2 とし，それらを計算する（有効数字，単位，計算例の示し方に注意せ

よ).

$b_1 =$ ＿＿＿＿＿＿　　　　$b_2 =$ ＿＿＿＿＿＿

＿＿＿＿＿　＿＿＿＿＿ [単位]　　＿＿＿＿＿　＿＿＿＿＿ [単位]

回折パターンの測定結果を表 4 に示す.

表 4　次数 m と中心から明点までの距離 x_m の表　　x_m の単位＿＿＿＿

168 本/cm の格子				124 本/cm の格子			
m	x_m	m	x_m	m	x_m	m	x_m
−1		1		−1		1	
−2		2		−2		2	

観察の結果，格子定数が小さくなると明点の間隔は＿＿＿＿＿＿ことがわかった．回折格子からスクリーンまでの距離 ℓ は＿＿＿＿＿＿　＿＿＿＿＿＿ [単位]

これらの測定より，レーザー光の波長 λ を求める．

$\theta \fallingdotseq 0$ より $\sin\theta = x_m/\ell$ と近似できる．

1 例として＿＿＿本/cm のとき波長 λ の計算を示す（m の大きいところを計算する).

$b =$ ＿＿＿＿　＿＿＿＿ [単位]，$m =$ ＿＿＿，$x_m =$ ＿＿＿＿　＿＿＿＿ [単位]，

$\ell =$ ＿＿＿＿　＿＿＿＿ [単位]

（理論式）　　（データ代入式）　　（計算結果）

$\lambda =$ 　　　　$=$ 　　　　$=$ ＿＿＿＿＿＿　＿＿＿＿ [単位]

波長の真値 λ_0 がレーザー装置に＿＿＿＿＿　＿＿＿＿ [単位] と表示されているので，測定結果 λ の百分率相対誤差を求めてみると，

$$\left|\frac{\lambda-\lambda_0}{\lambda_0}\right|\times 100 = \underline{\qquad\qquad\qquad} = \underline{\qquad\quad}\ \%$$

$\lambda-\lambda_0$ を有効数字を考え計算してみよ．見かけは 3 桁でもどうなるか？

考　察

＿＿＿＿＿＿＿＿＿＿＿＿＿＿＿＿＿＿＿＿＿＿＿＿＿＿＿＿＿＿

＿＿＿＿＿＿＿＿＿＿＿＿＿＿＿＿＿＿＿＿＿＿＿＿＿＿＿＿＿＿

感　想（実験の感想を書きなさい．難しく書く必要はない．思ったまま書きなさい．）

＿＿＿＿＿＿＿＿＿＿＿＿＿＿＿＿＿＿＿＿＿＿＿＿＿＿＿＿＿＿

＿＿＿＿＿＿＿＿＿＿＿＿＿＿＿＿＿＿＿＿＿＿＿＿＿＿＿＿＿＿

基礎実験 B　金属棒の密度の測定

密度とは単位体積あたりの質量である．質量を M，体積を V とすると，密度 ρ は，$\rho = M/V$ で与えられる．断面が円の金属棒の密度を知るためには，金属棒の直径，長さおよび質量を測定すればよい．直径と長さを定規で測り，質量をばね秤で量ると，簡単に金属棒の密度を求めることができる．このようにしておおよその値は簡単な測定からわかる．この値は，非常に大ざっぱな測定から得られたものであるが，測定器の精度を考えると，1 桁目は十分信頼できる．

次に，測定精度を上げるために計測器を適当なものに変え，試料を増やし測定回数を増やし実験を行う．

なお，この実験はノギス，マイクロメーター，電子天秤での物理量の測定法を習得するとともに，今後物理学実験で測定値を整理し，結果を算出し，報告書にまとめる練習を兼ねている．今後の実験では，2 つの物理量の間の関係を表示することが重要になるものが多くある．したがって，この実験では 1 本の金属棒を長さの異なる 5 本に切断し，長さと質量の関係を求める方法をとっている．ノギス，マイクロメーターについては「7. 基本的な測定器の使用法」を参照すること．

表 B.1　金属の密度（室温での値）

金　属　名	密度（g/cm^3）
アルミニウム	2.70
鉄	7.87
銅	8.96
真　鍮	8.60
亜　鉛	7.13

（理科年表より抜粋）

この実験法と結果の計算を報告書形式で以下に示す．測定値および結果の算出などは必ずノートに記載せよ．**報告書を作成するときは p. 5〜p. 8 にある「3. レポート」に従うこと．**

物理学実験報告書

実験題目　金属棒の密度の測定

日時 20　　年　　月　　日（　）　時　　分〜　　時　　分　　天候

室温　　℃　湿度　　%　　気圧　　hPa

1．目的　断面積（円）が一様で，長さの異なる 5 本の金属棒の試料の直径，長さおよび質量を測定し，試料金属の密度を求める．

2．原理　直径 D，長さ L，質量 M の直円柱の密度 ρ は

$$\rho = \frac{4M}{\pi D^2 L} \tag{1}$$

である．断面積が一様であれば $a = M/L$ が一定となる．したがって，式 (1) は $\rho = \dfrac{4a}{\pi D^2}$ で表され，a, D を用いることによって，ρ を求めることができる．

3．実験装置，器具　定規（最小目盛り 1 mm），ばね秤（______），ノギス（______），マイクロ

メーター（______），電子天秤（______）

4．試料金属　__________　（金属名を記載）

5．実験方法（注：この項は実験を行うにあたっての実験の進め方を記述している．レポートの実験方法は実験者が行ったことをベースにして書くこと．）

1）まず，密度 ρ のおおよその値を求めるために，1本の試料について L と D を定規で，M をばね秤で各々1回測定する．

2）測定精度を上げた測定をするために，マイクロメーターを使用し，D を測定する．製作上（注：金属棒はいくつものダイスを通して引き抜き棒を細くする工程を経る）D は各部分で微小に異なっている可能性があること，および誤差伝播の公式により，D の誤差は M，L の誤差の4倍で ρ の誤差に影響を与えることを考慮し，5本の試料につき，それぞれ3ヵ所合計15ヵ所測定する（注：誤差伝播の公式は p.21 参照）．

3）次にノギスと電子天秤により，L の異なる5本の試料について L と M を測定する．原理から M と L の関係は原点を通る直線 $M = aL$ となる（p.27「6.2.3）間接測定 3−4）$y = Ax$ の場合」）．したがって，そのことを確認しながら測定を行う．

（注：報告書形式で記載しているので，M と L の関係を示すグラフは結果の算出の項に記載しているが，このようなグラフはすべての測定が終了してから描くものではない．データの良否を判定するために，測定とグラフは同時進行させ，もしもおかしいと思える測定点があったら，直ちに測定し直さなければならない．報告書に記載するグラフは良と判定したその最終結果である．

この実験では，測定点が直線からはずれた場合はその測定点についての測定をやり直し，各測定点が直線上にあるが直線が原点を通らない場合には，測定器の0点などをチェックする．

なお，グラフの書き方については p.9 にある「4.1. グラフについての注意」を読むこと．）

6．測定結果（測定値）

まず，密度 ρ のおおよその値を求めるために，1本の試料__________　（金属名を記載）について L と D を定規で，M をばね秤で各々1回測定した．その結果，

$L =$ ________ cm，$D =$ ________ cm，$M =$ ________ g で，ρ は

$$\rho = \frac{4M}{\pi D^2 L} = \frac{4\_\_\_\_\_\_}{\_\_\_\_\_\_(\_\_\_\_\_\_)^2\_\_\_\_\_\_} = \_\_\_\_\_\_\_\_ \mathrm{g/cm^3}$$

となった．

次に，マイクロメーター，ノギス，電子天秤で測定した値をまとめると，表1および表2のようになる．

表 1　直径 D [cm] の測定値

i	D_i	i	D_i	i	D_i
1		6		11	
2		7		12	
3		8		13	
4		9		14	
5		10		15	

平均値
$\overline{D}$ =______ cm

表 2　長さ L，質量 M の測定値

i	L_i [cm]	M_i [g]
1		
2		
3		
4		
5		

L と M の関係を図 1 に示す．図 1 より L と M は比例していることがわかる．すべての点に最適な直線を引き，その勾配（傾き）である a を求めると，

$$a = \frac{M}{L} = \frac{\boxed{}}{\boxed{}} = \underline{} \quad \text{g/cm} \tag{2}$$

となる．

（注意：勾配 a を求めるとき，グラフの直線上の点（測定値以外）の L と M の大きな値を用いよ．グラフ上の点の値の読み取りは最小目盛りの 1/10（目分量）まで必要である．以上の点に注意すると，a を有効数字 4 桁まで求めることができる．）

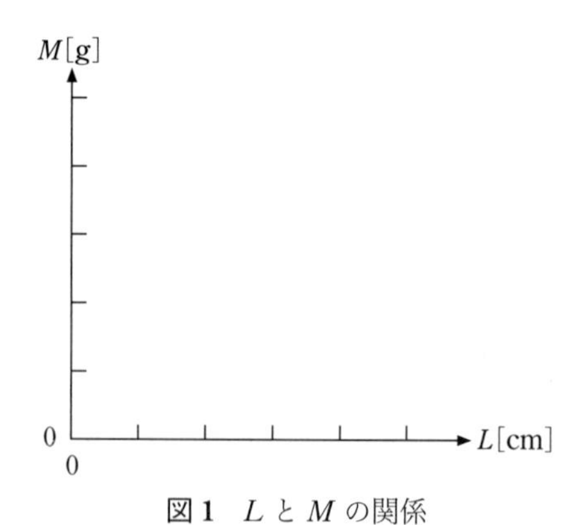

図 1　L と M の関係

（注意：図は A4 判の 1 mm 方眼紙に作成せよ．）

基 B−4

求める密度 ρ は，有効数字の桁数を考慮し，a と $\overline{D}$ を用いて

$$\rho = \frac{4M}{\pi D^2 L} = \frac{4a}{\pi \overline{D}^2} = \frac{4\times\boxed{}}{3.1416\times\boxed{}^{\,2}} = \underline{}\,\mathrm{g/cm^3} \tag{3}$$

となる．

以下では，各データのバラつきから ρ の平均二乗誤差を求める．

まず D の平均二乗誤差 m_D を求める．D について各測定値と平均値との差，および，その差の二乗をまとめると，表 3 のようになる．

（注意：p.22 の例にならって表 3 を用いて求めよ．なお，誤差の計算は有効数字 2 桁の範囲で十分である．そうなる理由もあわせて考えよ．）

表 3　D における測定値−平均値，および，(測定値−平均値)^2

i	D_i [cm]	$D_i-\overline{D}$ [10^{-4} cm]	$(D_i-\overline{D})^2$ [10^{-8} cm^2]
1			
2			
3			
4			
5			
6			
7			
8			
9			
10			
11			
12			
13			
14			
15			
			(合計)

この表 3 から，D の平均二乗誤差 m_D は

$$m_D = \sqrt{\frac{\Sigma(D_i-\overline{D})^2}{n(n-1)}} = \sqrt{\frac{\boxed{}\times 10^{-8}}{15\times 14}} = \underline{}\,\mathrm{cm} \tag{4}$$

次に a の平均二乗誤差 m_a を求める．表 2 での L, M の値を用いて，$a_i = M_i/L_i$ を求めると，表 4 のようになる．

表4　長さ L，質量 M の測定値と $a = M/L$ の値

i	L_i [cm]	M_i [g]	a_i [g/cm]
1			
2			
3			
4			
5			

平均値
$\overline{a} =$ ＿＿＿＿＿ g/cm

（注意：$\overline{a}$ はグラフの傾きから得られた a の値とほぼ等しくなるはずである．）

a について各測定値と平均値との差，および，その差の二乗をまとめると，表5のようになる．

表5　a における測定値－平均値，および，(測定値－平均値)^2

i	a_i [g/cm]	$a_i - \overline{a}$ [10^{-3} g/cm]	$(a_i - \overline{a})^2$ [10^{-6} g^2/cm^2]
1			
2			
3			
4			
5			
			（合計）

この表5から，a の平均二乗誤差 m_a は

$$m_a = \sqrt{\frac{\Sigma(a_i - \overline{a})^2}{n(n-1)}} = \sqrt{\frac{\square \times 10^{-6}}{5 \times 4}} = \qquad \text{g/cm} \qquad (5)$$

以上より，

$$\frac{m_D}{\overline{D}} = \frac{\square}{\square} = \square (= \square \%), \quad \frac{m_a}{\overline{a}} = \frac{\square}{\square} = \square (= \square \%)$$

となる．

したがって，m_ρ は誤差伝播の公式により

$$m_\rho = \rho \sqrt{\left(2\frac{m_D}{\overline{D}}\right)^2 + \left(\frac{m_a}{\overline{a}}\right)^2} = \square \sqrt{\left(2\square\right)^2 + \left(\square\right)^2} \qquad (6)$$

$$= \qquad [\text{g/cm}^3]$$

となる．相対誤差は

$$\frac{m_\rho}{\rho} = \frac{\square}{\square} = \square (= \qquad \%)$$

となる．

7．結論

測定によって得られた＿＿＿＿＿＿（注：試料の金属名を記載）の密度は

$$\rho \pm m_\rho = \_\_\_\_\_ \pm \_\_\_\_\_ \mathrm{g/cm^3}$$

である．

8．検討と考察

理科年表によると，この金属の密度は＿＿＿＿$\mathrm{g/cm^3}$であるので，この真値ρ_0に対する測定値の相対誤差は

$$\frac{|\rho-\rho_0|}{\rho_0}\times 100 = \frac{|\square - \square|}{\square}\times 100 = \_\_\_\_\_ \%$$

となる．

（注：これ以降に，測定値，結果の算出の項で得た数値などにより具体的に考察し，記載せよ．たとえば，誤差が大きくなった場合には，その原因がどこにあるのか，測定値の有効数字の桁数からみて，どの物理量はどのような測定によって桁数を増やす必要があるかなどを考えよ．）

注　意：この基礎実験の報告書は，初めて報告書を書く者のために測定した粗い実験（50 ページ前半）と精度のよい実験（51 ページ後半）とをまとめた一例である．この報告書にデータを入れるだけの丸写しは好ましくない．p.5～p.8 の「3．レポート」に従い，自ら書き改めて提出せよ．

付記．各試料についてM, L, Dを測定し，それぞれについてρ_iを計算しρは平均値で求めてもよい．この場合，本来はそれぞれのρ_iの平均二乗誤差m_iを考慮した加重平均値となるが，この実験のように各試料についての測定精度が等しいと考えられる場合には算術平均値でよい．そうすると

$$m_\rho = \sqrt{\frac{\Sigma(\rho_i-\bar{\rho})^2}{n(n-1)}}$$

となり，$\bar{a}, m_a, m_D$の計算は不要となる．

このように，今後の実験において，誤差まで検討しようとする場合，どのような計算方法によって結果を算出するかで計算しなくてもよい誤差が生じる．不要と思える誤差まで計算する必要はない．与えられた装置・機器を用いて，信頼度の高い結果を得ることが重要なのであって，誤差はその信頼度の度合いを数値で表現しているにすぎない．

課題実験　振り子による重力加速度の測定

目　的：糸と分銅からなる単振り子の振動周期を測定して，重力加速度 g の大きさを求める．

原　理：質量 M の質点を長さ L の糸に結び，糸の他端を固定して，質点を鉛直面内で振らす（図1）．このときの質点の運動は以下のようにして求められる．

質点の位置を図の角（糸が鉛直線となす角）θ で表すと，質点の運動方程式は

$$ML\frac{\mathrm{d}^2\theta}{\mathrm{d}t^2} = -Mg\sin\theta \tag{1}$$

と示される．ここで g は重力加速度の大きさである．振動の振幅が十分小さくて，θ が十分小さいときは，$\sin\theta \fallingdotseq \theta$ と近似できるので，式(1)より，

$$\frac{\mathrm{d}^2\theta}{\mathrm{d}t^2} = -\frac{g}{L}\theta \tag{2}$$

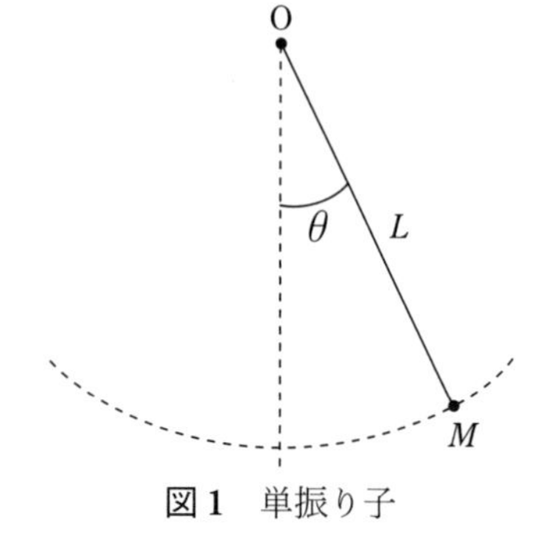

図1　単振り子

となる．これは単振動の微分方程式であり，その解は，

$$\theta = \theta_0\cos(\omega t + \delta) \tag{3}$$

である．ここで θ_0 は振動の振幅である．ただし，

$$\omega = \sqrt{\frac{g}{L}} \tag{4}$$

である．

したがって，この運動の振動周期 T は

$$T = 2\pi\sqrt{\frac{L}{g}} \tag{5}$$

で与えられる．式(5)を変形すると，重力加速度の大きさ g は

$$g = \frac{4\pi^2 L}{T^2} \tag{6}$$

となるので，L と T の測定により g の値を求めることができる．

実験方法：

1）図2のように作業机の端に，締付金具，支柱，つり下げクランプからなるスタンドを取り付ける．糸の一端をスタンド上部のつり下げクランプのフックにくくり付け，他端に分銅（おもり）をくくり付ける．糸の上端から分銅の中心までの距離を測定し，L とする．

2）角度を10度～15度ぐらいで振動させ，周期 T をストップウォッチで測定する．L によって周期が異なるので，振動回数に注意して有効数字3桁以上の精度となるように測定する．

課−2

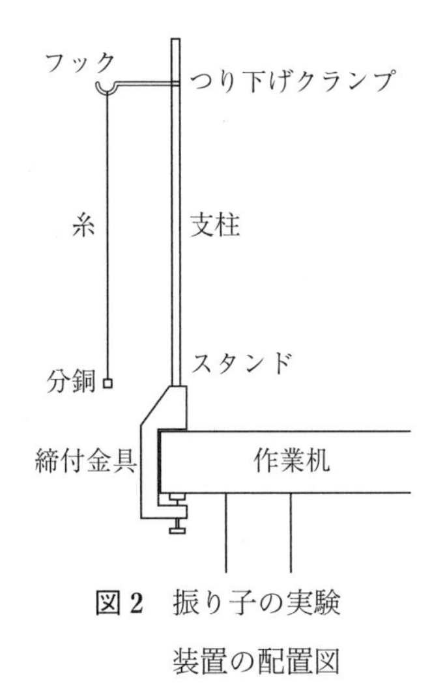

図 2　振り子の実験装置の配置図

p.63 の注意「振動周期を測定するときの注意」を読むこと．

3) 同じ L について，3 回測定を行い，周期の平均を求める．
4) L を 0.3 m〜1.2 m の範囲で変えて，7 通り〜8 通り程度同じ測定を行う．
5) 横軸に L，縦軸に T^2 をとったグラフを用意し，プロットしながらデータをとる．
6) プロットしたすべてのデータ点を通るような（フィットする）直線を引き，その傾きから重力加速度の大きさ g を求める．ただし，p. 56 の式(6)より　傾き $= \dfrac{4\pi^2}{g}$　となることに注意する．

注　意：

1) この実験は課題実験であり，班単位ではなく 1 人で行うテーマである．これまでの授業での経験を生かして，実験を進めるように留意すること．さらに授業時間内に実験，および，レポート作成・提出まで行うので時間配分を考えよ．
2) レポートは A4 判で両面印刷済みの指定用紙に記載して提出せよ．用紙の配布などについては実験当日指示する．
3) 必要な実験器具は各作業机に人数分置いてあるので，それらを使用せよ．
4) 実験結果はノートに記載せよ．終了時にノートをチェックする場合もある．
5) 測定データは以下のような表を作成してまとめよ．

表 1　異なる長さ L に対する振動回数，時間，および，周期 T, T^2

L [m]	振動回数	時間 [s]	時間 [s]	時間 [s]	T [s]	T^2 [s^2]

6）考察にあたっては，少なくとも真値との相対誤差（%）を算出し，結果の妥当性を評価せよ．

7）レポートは配布した指定用紙に記載の上，提出せよ．レポート作成に際しては，p.5〜p.8「3．レポート」に従って完成させること．ただし，指定用紙の空欄の大きさに合わせて必要事項を簡潔にまとめよ．グラフ用紙もレポートに必ず添付すること．

参　考：重力加速度の大きさ g

g の値は標準で 9.80665 m/s^2 であるが，測定地点で異なる．大阪工業大学での測定値に使用する場合は，次の値を真値として使用すること．

$$g = 9.7971\ \mathrm{m/s^2}$$

表2　日本各地の重力加速度の大きさ

地 名	緯　度	高　さ [m]	g [m/s^2]
札　幌	43° 04′ 24″	15	9.8048
京　都	35° 01′ 45″	60	9.7971
那　覇	26° 12′ 27″	21	9.7910

実験 11　複振り子の慣性モーメントの測定

概　要：

慣性モーメント（慣性能率）

大きさが無視できず，運動中にその形が変化しないような物体を剛体という．この実験では，円形や，四角形の板を剛体として取り扱うが，一般にはその形状には制限はない．簡単のため，剛体のモデルとして，いくつかの質点（m_1, m_2, m_3, 全質量 M）が軽い棒で固定されている物体を考える．この剛体が点 O（重心とは限らない）のまわりに，角速度 ω [rad/s] で回転しているとき，質点 m_1 の角運動量は $m_1 r_1{}^2 \omega$，運動エネルギーは $m_1 r_1{}^2 \omega^2/2$ で与えられる．したがって，全体の角運動量は $(m_1 r_1{}^2 + m_2 r_2{}^2 + m_3 r_3{}^2)\omega$，全体の運動エネルギーは $(m_1 r_1{}^2 + m_2 r_2{}^2 + m_3 r_3{}^2)\omega^2/2$ で与えられる．

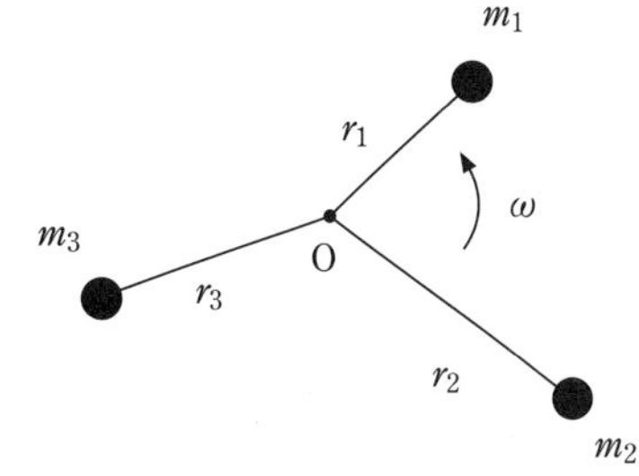

図 1　剛体モデル

ここで共通に現れる量 $I = (m_1 r_1{}^2 + m_2 r_2{}^2 + m_3 r_3{}^2)$ をこの剛体の（点 O のまわりの）慣性モーメント（慣性能率）と呼ぶ．I は剛体の形状が変化しないので，一定の量である．特に，重心のまわりについて考えるときの慣性モーメントを I_G と呼び，剛体に固有の量となる，重心 G から距離 h 離れた点 O のまわりの慣性モーメント I との間には $I = I_G + Mh^2$ の関係がある．

剛体の回転半径

剛体が回転運動しているときは，各部分はそれぞれ異なった半径で回転しているが，$MK^2 = I$ となる量 K を導入すると，その剛体の角運動量，運動エネルギーは質点 M が半径 K で回転しているのと等価とみなすことができる．このようにして導入した K をその剛体の回転半径と呼ぶ．特に，重心まわりの回転に関して，$MK_G{}^2 = I_G$ となる量 K_G はその物体に固有の量となる．K_G は，その物体の“平均的な”半径として捉えることができる．

目　的：一様な厚さの剛体を固定軸のまわりで単振動させ，その周期を測定することによって，剛体の慣性モーメントおよび回転半径を測定する．

コンピューターによるデータ処理法を修得する．

原　理：剛体を 1 つの水平な固定軸にて支えると，剛体の重心はその固定軸を含む鉛直面内にきて静止する．いま，その位置から図のように僅かに回転させて離すと，剛体は水平軸のまわりに回転振動する．

時刻 t における回転角を θ とし，剛体の質量を M，固定軸のまわりの慣性モーメントを I,

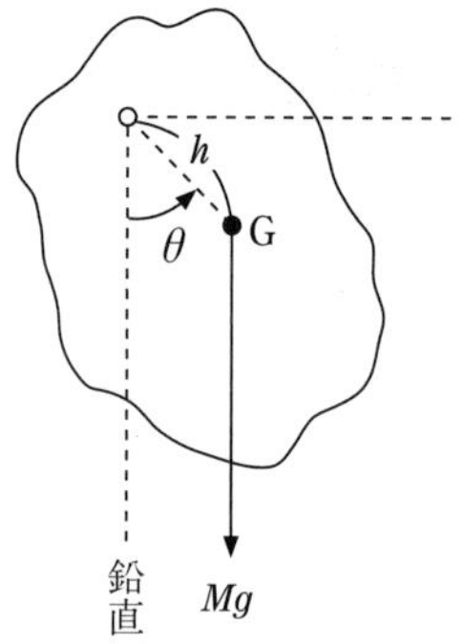

重心の固定軸からの距離を h とすると，回転運動の運動方程式

$$I\frac{\mathrm{d}^2\theta}{\mathrm{d}t^2} = -Mgh\sin\theta \qquad (1)$$

が成立する．回転角度 θ が小さいときは

$$\sin\theta \fallingdotseq \theta$$

と近似できるので，

$$I\frac{\mathrm{d}^2\theta}{\mathrm{d}t^2} = -Mgh\,\theta$$

$$\frac{\mathrm{d}^2\theta}{\mathrm{d}t^2} + {\omega_0}^2\theta = 0 \qquad (2)$$

図2　複振り子

$$\omega_0 \equiv \sqrt{\frac{Mgh}{I}} \qquad (3)$$

となる．(2) 式の一般解は

$$\theta = \theta_0 \sin(\omega_0 t + \alpha) \qquad (4)$$

ただし，θ_0, α は積分定数である．したがって，振動の周期 T は

$$T = \frac{2\pi}{\omega_0} = 2\pi\sqrt{\frac{I}{Mgh}} \qquad (5)$$

となる．そこで，この周期 T と，剛体の質量 M，剛体の重心と軸との距離 h を測れば，慣性モーメント I を

$$I = \frac{T^2 Mgh}{(2\pi)^2} \qquad (6)$$

として求められる．

また，重心を通るそれと平行な軸のまわりの慣性モーメント I_G は

$$I_G = I - Mh^2 \qquad (7)$$

それに対する回転半径は

$$K_G = \sqrt{\frac{I_G}{M}} \qquad (8)$$

として得られる．

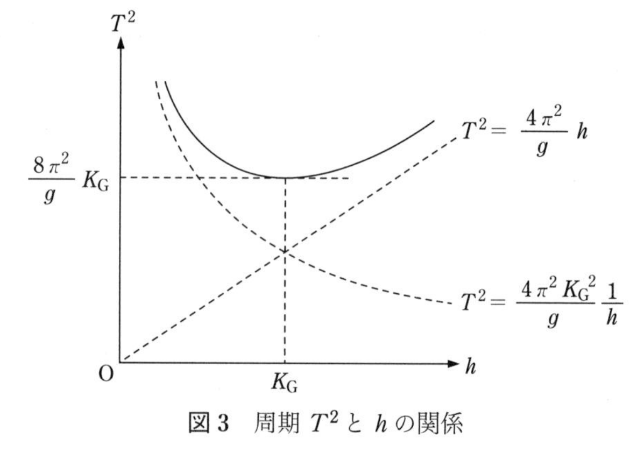

図3　周期 T^2 と h の関係

(5)，(7)，(8) 式より

$$T^2 = \frac{4\pi^2}{g}\left({K_G}^2\frac{1}{h} + h\right) \qquad (9)$$

が得られる．周期 T^2 と h との関係は右の図3のようになる．ここで (9) 式の両辺を h で微分すると，

$$\frac{\mathrm{d}T^2}{\mathrm{d}h} = \frac{4\pi^2}{g}\left(-{K_G}^2\frac{1}{h^2} + 1\right) \qquad (10)$$

と求まり，$h = K_{\mathrm{G}}$ のとき，(9) 式での関数は極小値 $\left(= \dfrac{8\pi^2}{g} K_{\mathrm{G}}\right)$ をとることがわかる．

また，(9) 式は

$$\frac{g}{4\pi^2} T^2 - h = {K_{\mathrm{G}}}^2 \frac{1}{h} \qquad (11)$$

となるので，この関係を図示すると図 4 のようになる．

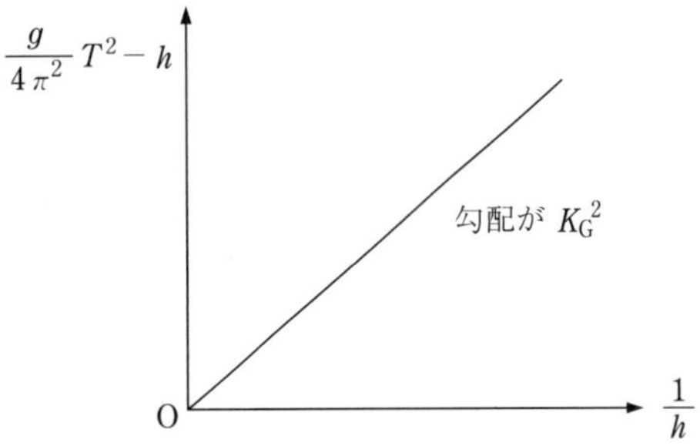

図 4　$\dfrac{g}{4\pi^2} T^2 - h$ と $\dfrac{1}{h}$ の関係

したがって，$\dfrac{g}{4\pi^2} T^2 - h$ と $\dfrac{1}{h}$ の関係から勾配の ${K_{\mathrm{G}}}^2$（さらに K_{G}）が求められ，I_{G} は $I_{\mathrm{G}} = M{K_{\mathrm{G}}}^2$ から求められる．

重心の求め方

任意の形の剛体板で任意の 2 点，A, B を定める．まず，点 A を通り，かつ板に垂直な水平軸にて板を支えると，点 A の直下に重心があるから，点 A からおもりを付けた糸をつるし，板上に線 AA′ を求める．次に点 B にて板を支え同様にして線 BB′ を求めると，AA′ と BB′ の交点が板の重心 G である．

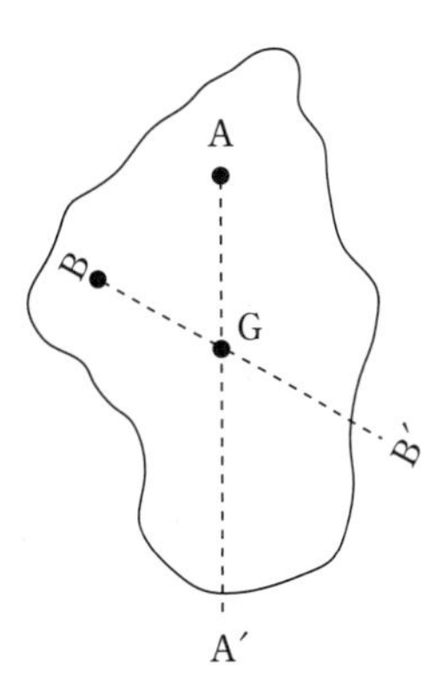

図 5　重心の求め方

<u>実験方法</u>：データ処理はコンピューターを利用して行うが，データ処理，解析方法を理解するために，最初はコンピューターを使わずにデータ処理を行う．そのためのデータとして，まず 1 枚の剛体板の 1 ヵ所の h について測定する．測定結果，解析結果が妥当であることを確かめた後，実験データをコンピューター入力しながら実験を進める．

1) 剛体板（円・三角・四角）を選ぶ．
2) 質量 M を測定する．
3) 重心を求める．
4) 適当な固定軸を通す穴を選び，重心からの距離 h を測定する．
5) 剛体板を軸受け（ベアリング）に取り付け，小さな角度（10 度程度）で振らす．
   （p.63 の注意：「回転角について」を読むこと）
6) 15.0 周期の時間を測定し，周期 T を計算する．3 回測定を繰り返し平均をとる．
   （p.63 の注意：「振動周期を測定するときの注意」を読むこと）．

$$T_1 = \frac{(\ \ )}{15.0} = (\ \ )(\ \ )\text{単位} \quad T_2 = \frac{(\ \ )}{15.0} = (\ \ )(\ \ )\text{単位} \quad T_3 = \frac{(\ \ )}{15.0} = (\ \ )(\ \ )\text{単位}$$

$$T = (\ \ )(\ \ )\text{単位}$$

7）I, I_G, K_G を計算する．単位系を MKS に統一する．ただし g の値は 9.7971 m/s²を用いよ．

$$I = \frac{T^2Mgh}{(2\pi)^2} = \frac{(\ \ )^2(\ \ )(\ \ )(\ \ )}{(2\times\ \ \ \ )^2} = (\ \ )(\ \ )\text{単位}$$

$$I_G = I - Mh^2 = (\ \ ) - (\ \ )(\ \ )^2 = (\ \ )(\ \ )\text{単位}$$

$$K_G = \sqrt{\frac{I_G}{M}} = \sqrt{\frac{(\ \ )}{(\ \ )}} = (\ \ )(\ \ )\text{単位}$$

剛体板の密度は一定であるとし，p.63 の参考事項にある式を用いて I_G を計算せよ．さらに，上記で求めた実験値の I_G と比較せよ．

（ここまでに時間を掛け過ぎると以後の実験ができなくなるので注意すること.）

8）以上をノートにまとめ，指導教員に見せチェックを受ける.

以後の実験のデータ処理はコンピューターを用いて行う.

（注：レポートを書くときは，6）と 7）の計算結果を「測定結果」のところに記すこと.「実験方法」のところには書かない.）

9）測定は，3 枚のうち 2 枚の剛体板について，それぞれ 15 ヵ所 h を変えて行う．ただし，h は約 0.05 m〜0.20 m の範囲で測定する.

測定した生データをコンピューターに入力すると，I, I_G, K_G の値が表示される.

10）初めに上記の 1）〜6）で行った実験データを Excel ファイルに入力し，7）の計算結果と一致していることを確認する.

h を変えて測定し，測定の度にデータを入力する．得られる I は h により異なるが，I_G, K_G は剛体固有の量である．h を変えて，I_G, K_G が大きく異なっていれば，データが悪いことが判断できる.

また，複数の h についてデータを入力すると，図 3，図 4 に対応したグラフが作成されているので，グラフを表示してデータの良否を判断する（グラフの表示は，「コンピューターの使用法」を参照すること).

11）データを時々保存する.

12）実験終了後，表とグラフを印刷し，レポートに利用する.

13）コンピューターには，$g = 9.7971\ \mathrm{m/s^2}$ のデータと $T = (T_1 + T_2 + T_3)/3$, I = 式(6)，I_G = 式(7)，K_G = 式(8)，そして式(9)で表される T^2 と h との関係，(11)で表される $(g/4\pi^2)T^2 - h$ と $1/h$ の関係が求められるようプログラムされている．ただし，

11−5

有効数字は考慮せずに表示しているので，レポートを書くときに考慮すること．

参考事項：

1）半径 R の円板　$I_G = \frac{1}{2}MR^2$

2）2辺の長さが a, b の長方形板　$I_G = \frac{1}{12}M(a^2+b^2)$

3）3辺の長さが a, b, c の三角形板　$I_G = \frac{1}{36}M(a^2+b^2+c^2)$

注　意：

1）回転角について

回転角 θ はどれほどにすればよいか？　慣性モーメントの式を求めるとき，$\sin\theta \fallingdotseq \theta$ と近似している．回転角をあまり大きくすると，近似が悪くなる．そこで，θ を小さくして測定すべきである．小さいとは θ がいくらのことか？（角度1度，実生活では小さい角度である．しかし0.001度から見れば非常に大きな値となる．このように比較する言葉は，比較する相手を示さないと科学にならない.）この場合はどの程度の精度で実験をするかを考え，たとえば有効数字3桁の精度の実験をするならそれに見合った回転角をとること．そのためには $\theta = 0.1$ と $\sin(0.1)$ との値と比べてみるというようにして判断するとよい．このときの θ の単位は何かを考えよ．

角度の小さいときの近似 $\sin\theta \fallingdotseq \theta$，$\tan\theta \fallingdotseq \theta$，$\cos\theta \fallingdotseq 1$ を証明してみるとわかる．

2）振動周期を測定するときの注意

(1) 周期の測定は強制振動ではなく，自由振動のとき測定しなければいけない．それには，数周期自由に振動させてから測定を始めよ．手を放すと同時に測定をしてはいけない．

(2) 振動する物体の振動周期を測定するときは，止まったとき（変位速度0)，早く動いているとき（変位速度最大）のどちらが，精度よく周期が測定できるか？　変位速度最大の方がよい．この理由を考えて，理解してから実験を行うこと．

(3) また振動回数 n 回，と測定したときの n も測定値である．したがって，誤差（有効数字）を考える必要がある．n の精度を上げるために指標（位置の基準線，印など）を設けるとよい．

印刷した計算結果の表とグラフの使用に関しての注意.

印刷した表はレポートでは使用してはいけない. グラフは使用してもよい.

1. 表は新たに自分で書くこと.
2. 有効数字に気を付けること. コンピューターは有効数字を考えずに計算している.
3. 特に, h の有効数字に気を付けること.
4. 表番号, 表題を付けること.
5. 単位を付けておくこと.
6. 表の計算例の1例を示すこと.
7. グラフは未完成である. 図の番号, 表題と簡単な説明, 縦軸, 横軸が何を表すのか, 単位などを書き足し完成させること.
8. グラフより回転半径 K_G を求めること.

実験 12　つる巻きばねのばね定数の測定

概　要：

ばねのばね定数

ばねに引っ張る力を加えるとばねは伸び，逆に押す力を加えるとばねは縮む．この伸縮の大きさは，ばねに加えられた力の大きさに比例する（フックの法則）．力の大きさをF，ばねの伸びを$\varDelta\ell$とすると，$F=k\varDelta\ell$の関係になる．この比例係数kをそのばねのばね定数と呼ぶ．

他方，ばねにつながれた物体から見ると，ばねが伸びた状態では，その物体はばねから引っ張られる方向の力を受け，ばねが縮んだ状態では，ばねから押される方向の力を受ける．物体の（位置）座標をxとすると，物体に加わる力は，$F=-kx$と表される．

目　的：つる巻きばねにおもりをつるしたときの伸びと，振動させたときの周期よりばね定数を測定する．

原　理：ばねに大きさF [N] の力を加えて引っ張ると，ばねは力の大きさFに比例して，自然長の長さから$\varDelta\ell$ [m] 伸びる．この関係を式で表すと，

$$F=k\varDelta\ell \tag{1}$$

となる．このときの比例定数kをばね定数という．

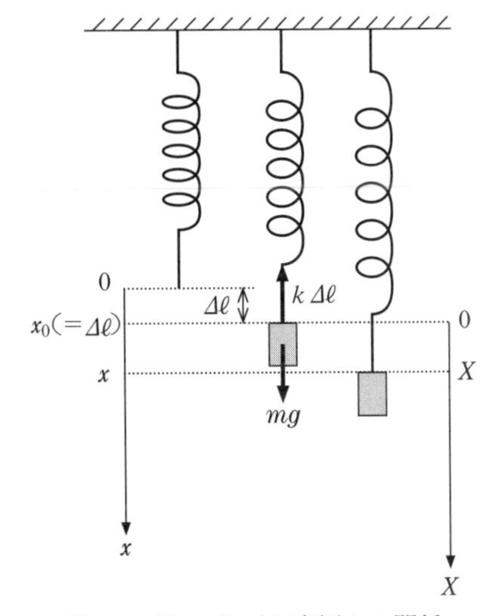

図 1　ばねの伸びと座標との関係

(1) 伸長法

ばねの片側を天井から鉛直につるし，ばねの他方に質量m [kg] のおもりを取り付ける．図 1 に示すように，ばねの自然長の位置を原点とし，鉛直下向きにx軸をとる．おもりが静止したとき，自然長からのばねの伸びを$\varDelta\ell$ [m] とすると，$mg=k\varDelta\ell$である．したがって，$k=mg/\varDelta\ell$として，ばね定数が求められる．ただし，重力加速度の大きさをgとする．

(2) 振動法

ばねに質量m [kg] のおもりをつるして，鉛直方向に振動させる．図 1 に示すように，つりあいの位置を$x=x_0\,(=\varDelta\ell)$とする．x_0を原点とし，鉛直下向きにX軸をとる．ばねのつりあいの位置からのおもりの位置をX [m] とすると，

$$x=x_0+X \tag{2}$$

の関係が成り立つ．おもりの運動方程式は，

$$m\frac{\mathrm{d}^2x}{\mathrm{d}t^2} = mg-kx=mg-k(x_0+X) = -kX \tag{3}$$

となる．

式(2)を t で2階微分すると，

$$\frac{\mathrm{d}^2x}{\mathrm{d}t^2} = \frac{\mathrm{d}^2X}{\mathrm{d}t^2} \tag{4}$$

なので，式(4)を式(3)の左辺に代入すると，

$$m\frac{\mathrm{d}^2X}{\mathrm{d}t^2} = -kX \tag{5}$$

が成り立つ．この式をさらに書きかえると，

$$\frac{\mathrm{d}^2X}{\mathrm{d}t^2}+\omega^2X = 0 \quad \left(\text{ただし，}\omega = \sqrt{\frac{k}{m}}\right) \tag{6}$$

式(6)の一般解は，

$$X = A\sin(\omega t+\alpha) \tag{7}$$

式(7)よりおもりはつりあいの位置を中心とした単振動をすることがわかる．ここで，A は振動の振幅，α は初期位相を表す．振動の周期 T [s] は，

$$T = \frac{2\pi}{\omega} = 2\pi\sqrt{\frac{m}{k}} \tag{8}$$

したがって，

$$k = \frac{4\pi^2 m}{T^2} \tag{9}$$

となり，m，T の測定により，k が求められる．

(3) 合成ばねのばね定数

複数(P 個)のばねを，図に示すように，直列につるし，質量 m [kg] のおもりをつるす．このとき，ばねの上方より番号を付け，それぞれのばねのばね定数を，$k_1, k_2, k_3, \cdots$，k_P とするとき，全体としてのばね定数(合成ばねのばね定数) k_t を求めてみる．

ばねの質量を無視すると，

$$F = mg = k_1\Delta\ell_1 = k_2\Delta\ell_2 = \cdots = k_P\Delta\ell_P = k_t\Delta\ell_t \tag{10}$$

ただし，$\Delta\ell_1, \Delta\ell_2, \cdots, \Delta\ell_P$ は各ばねの伸び，$\Delta\ell_t$ は全体としての伸びで，

$$\Delta\ell_t = \Delta\ell_1+\Delta\ell_2+\cdots+\Delta\ell_P \tag{11}$$

である．式(10)より，

$$\Delta\ell_1 = \frac{F}{k_1},\ \Delta\ell_2 = \frac{F}{k_2},\ \cdots,\ \Delta\ell_P = \frac{F}{k_P},\ \Delta\ell_t = \frac{F}{k_t} \tag{12}$$

これらを式(11)に代入すると，

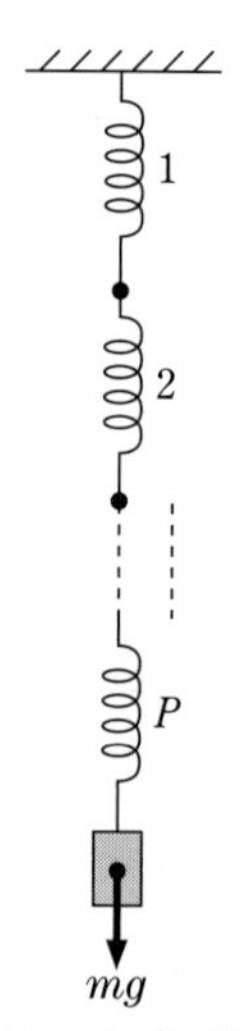

図2 合成ばね

$$\frac{F}{k_t} = \frac{F}{k_1} + \frac{F}{k_2} + \cdots + \frac{F}{k_P} \tag{13}$$

したがって，

$$k_t = \frac{1}{\dfrac{1}{k_1} + \dfrac{1}{k_2} + \cdots + \dfrac{1}{k_P}} = \frac{1}{\sum_{i=1}^{P} \dfrac{1}{k_i}} \tag{14}$$

となる．

実験方法：2種類の各ばね定数，およびそれらの合成ばねのばね定数を伸長法，振動法で求める．

1) 伸 長 法

ばねをスタンドにつり下げ，ばねの下部にはおもりを取り付けるねじ棒を付ける．別のスタンドに直定規を取り付け，ねじ棒の下端の位置を三角定規を使い測定する（直定規の読み）．おもりを1つずつ加え，個数を増してゆき，おもりの質量とねじ棒の下端の位置との関係を測定する．ばねの伸びを求めて，おもりの質量とばねの伸びとの関係をグラフにする．そのグラフの直線の傾きから，ばね定数を求める．2種類のばねと，合成ばね1種類について測定する．さらに合成ばねのばね定数について式(14)と測定値を比較検討する．ただし，g の値は $9.7971\ \mathrm{m/s^2}$（理科年表による）を用いる．

2) 振 動 法

振動の周期 T を計測し，式(9)より，ばね定数を求める．2種類のばねと，合成ばね1種類について測定する．それぞれのばねに対しておもりの質量は1種類でよいが，測定しやすい質量になるようにおもりの個数を選ぶこと．以下の注意書きを読み，振動回数に注意して有効数字3桁以上の精度となるように測定する．40.0回以上の同じ振動回数で時間を3回測定し，その平均値からばね定数を求めよ．

$$T_1 = \frac{\text{測定時間}}{\text{振動回数}} = \frac{(\qquad)}{(\qquad)} = (\qquad\qquad)(\qquad)\text{単位}$$

$$T_2 = \frac{\text{測定時間}}{\text{振動回数}} = \frac{(\qquad)}{(\qquad)} = (\qquad\qquad)(\qquad)\text{単位}$$

$$T_3 = \frac{\text{測定時間}}{\text{振動回数}} = \frac{(\qquad)}{(\qquad)} = (\qquad\qquad)(\qquad)\text{単位}$$

合成ばねのばね定数について，式(14)と，実験値とを比較検討する．

注 意：振動周期を測定するときの注意

1) 周期の測定は強制振動ではなく，自由振動のとき測定しなければいけない．それには，数周期自由に振動させてから測定を始めよ．手を放すと同時に測定をしてはいけない．

2) また振動回数 n 回，と測定したときの n も測定値である．したがって，誤差（有効数字）を考える必要がある．n の精度を上げるために指標（位置の基準線，印など）を設けるとよい．

参　考：針金の半径を r，剛性率を μ，ばねの半径を R　巻き数を N とすると，

$$k \fallingdotseq \frac{\mu r^4}{4NR^3}$$

となるので

$$\mu \fallingdotseq \frac{4NR^3}{r^4} \cdot k$$

となる．したがって，k の他に r, R, N を測定しておくと μ を求めることができる．

実験 13　針金（真鍮）の伸長による弾性率の測定

概　要：

弾性率（Young 率）

金属などの物体を引っ張ったり，圧縮したりすると，その力に応じてその物体は伸縮する．加えられた力の大きさが大きすぎない場合は，その伸縮の割合は加えられた力の大きさに比例し，力を取り除くと元の長さに戻る．このような変形を弾性変形と呼ぶ．また，伸縮の割合は物体の断面積に反比例する．

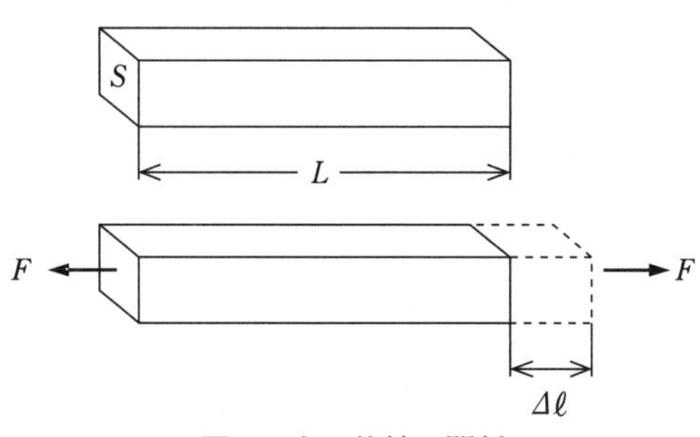

図 1　力と伸縮の関係

すなわち，図のように物体の断面積を S，元の長さを L，加えられた力の大きさを F とすると，伸縮率 $e = \dfrac{\Delta\ell}{L}$ は F に比例し，S に反比例する．

$$e = \frac{F/S}{E} = \frac{\sigma}{E} \tag{1}$$

と表すことができる．左辺 e は，物体の伸縮率，右辺の（$F/S = \sigma$）は物体に加えられた引っ張り応力であり，その比例係数に対応する E をその物体の弾性率（Young 率）と呼ぶ．E の大きさは，定義式より，力/面積（= 圧力）の単位で与えられる．E の値はそれぞれの物質によって決まっている（p.72 の表 2 参照）．E の値が大きい物質は，伸縮の割合が小さいので，硬い物質に対応する．

目　的：水平に張られた針金（真鍮）の中央に鉛直方向の荷重を加えることによって，Young 率を測定する．

原　理：図のように，梁 AB に針金（真鍮）を張り，その中央 C に真鍮のおもりを付け，おもりの上端 C と A または B との水平距離を ℓ，鉛直距離を h とし，おもりの全質量を M，重力加速度の大きさを g とすると，針金にかかる張力 T は，

$$\sin\beta = \frac{h}{\sqrt{\ell^2 + h^2}} \fallingdotseq \frac{h}{\ell} \tag{2}$$

であるから，

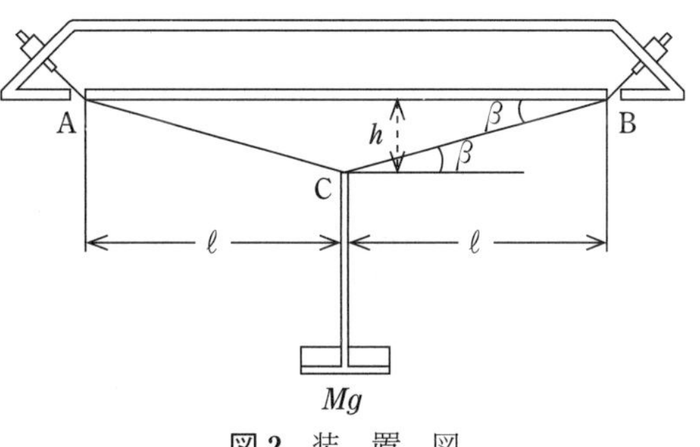

図 2　装 置 図

$$T = \frac{Mg}{2}\ \frac{1}{\sin\beta} = \frac{Mg}{2}\ \frac{\ell}{h} \tag{3}$$

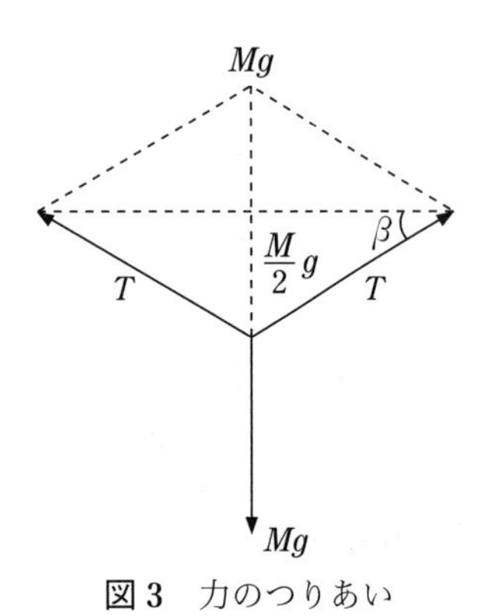

図 3　力のつりあい

次に質量 m のアルミのおもりをのせたとき，点Cが d（垂直変位）だけ下がったとすると，このときの張力 T' は，

$$T' = \frac{(M+m)g}{2}\ \frac{\ell}{h+d} \tag{4}$$

また，そのための針金の単位長さあたりの伸び e は，

$$e = \frac{\sqrt{\ell^2+(h+d)^2}-\sqrt{\ell^2+h^2}}{\sqrt{\ell^2+h^2}} \tag{5}$$

ゆえに，針金の半径を r とすると，

$$\frac{T'-T}{\pi r^2} = Ee$$

$$\therefore\quad E = \frac{T'-T}{\pi r^2 e} \tag{6}$$

d は小さい量であり，定規などで直接測定するのは困難である．よって，図 4 に示すような光学機器を用いて d を求める．

図 4 において，$d \fallingdotseq a\theta$ であるから，θ と a とから求められる．a は直接測定できるが，θ は

$$s \fallingdotseq b\times 2i$$

$$s' \fallingdotseq b\times 2i'$$

$$\theta = i' - i$$

の関係にあるので，

$$\theta = i' - i \fallingdotseq \frac{s'}{2b} - \frac{s}{2b} = \frac{s'-s}{2b}$$

$$\therefore\quad d \fallingdotseq a\theta \fallingdotseq \frac{a(s'-s)}{2b} \tag{7}$$

として求められる．

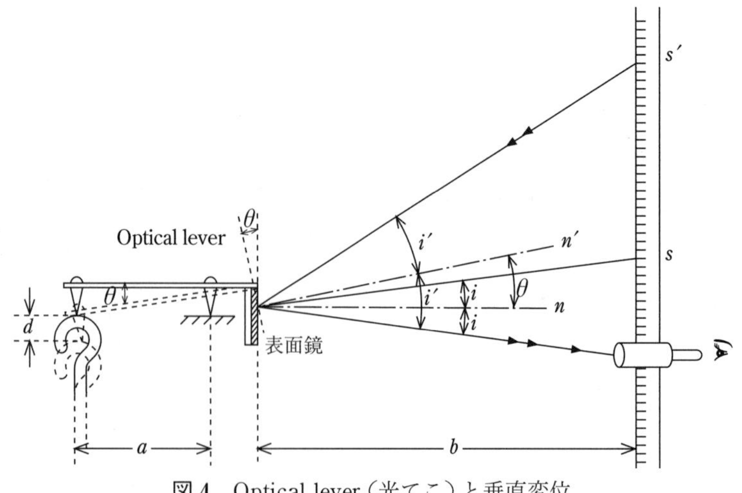

図 4　Optical lever（光てこ）と垂直変位

実験方法：

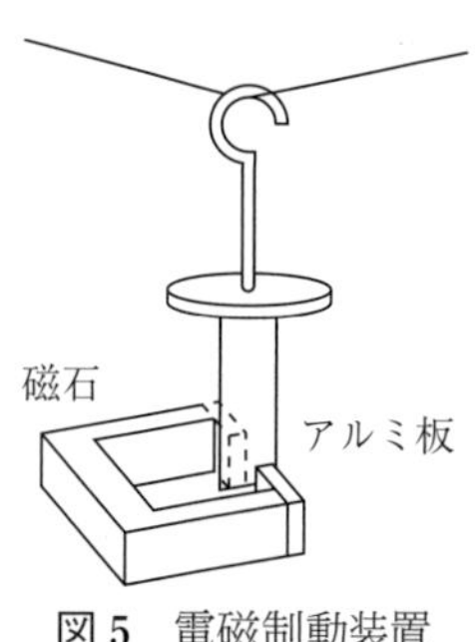

図 5 電磁制動装置

1) $2\ell, 2r, M, m, a$ を測定する．
2) 針金（真鍮）の中央に Mg の荷重をかけたときの h を測定する．
3) Optical lever（光てこ）をセットし，尺度付望遠鏡を Optical lever から b の距離に設置する．望遠鏡の手前に付いているレンズを回して，望遠鏡内部の十字線がはっきり見えるように焦点（ピント）を調整する．次に望遠鏡で鏡に映った尺度上の目盛りが見えるように位置，ピントを調整する．Mg の荷重だけをかけたときの尺度の目盛り s を読み取る．おもりの振動を抑えるために図 5 の電磁制動装置を使う．磁石の隙間にアルミ板がくるようにする．
4) アルミのおもりの個数を順次増してゆき，その都度尺度の目盛り s' を読み取る．このとき，m と $s'-s$ の関係を図示しながら測定する．m と $s'-s$ とは直線関係となる．
5) データ処理は，以下に示すように $d, T, T', T'-T, e$ をそれぞれ求め，E を求めよ．下記のような表を作成して，データを整理せよ．実験時間中に 3 名各自が独立に，異なる m についてデータを整理し，表 1 の各 1 行を完成させ，各々 E の値を求めよ．g の値は 9.7971 $\mathrm{m/s^2}$ を用いよ．

ただし，レポートについてはすべての m についてデータ処理を行うこと．

実験で（直接）測定する物理量

$M=$＿＿＿＿＿kg，$\ell=$＿＿＿＿＿m，$h=$＿＿＿＿＿m，$r=$＿＿＿＿＿m

$a=$＿＿＿＿＿m，$b=$＿＿＿＿＿m，（$g=$＿＿＿＿＿$\mathrm{m/s^2}$）

測定値から計算によって求める物理量

表 1　$d, T, T', T'-T, e, E$ の計算結果

m[kg]	$s'-s$[m]	d[m]	T[N]	T'[N]	$T'-T$[N]	e[$\times 10^{-4}$]	E[$\times 10^{10}$ N/m^2]

<u>各計算を行うときの注意</u>：計算に使った数値をすべて下の例のようにノートに書いてから，関数電卓で結果を求めること．

$$d=\frac{a(s'-s)}{2b}=\frac{(\quad)\cdot\{(\quad)-(\quad)\}}{2\cdot(\quad)}=(\quad)\,\mathrm{m} \tag{7}$$

$$T=\frac{Mg}{2}\,\frac{\ell}{h}=\frac{(\quad)\cdot(\quad)\cdot(\quad)}{2\cdot(\quad)}=(\quad)\,\mathrm{N} \tag{3}$$

$$T'=\frac{(M+m)g}{2}\,\frac{\ell}{h+d}=\frac{(\quad+\quad)\cdot(\quad)\cdot(\quad)}{2\cdot\{(\quad)+(\quad)\}}=(\quad)\,\mathrm{N} \tag{4}$$

$$e=\frac{\sqrt{\ell^2+(h+d)^2}-\sqrt{\ell^2+h^2}}{\sqrt{\ell^2+h^2}}$$

$$=\frac{\sqrt{(\quad)^2+((\quad)+(\quad))^2}-\sqrt{(\quad)^2+(\quad)^2}}{\sqrt{(\quad)^2+(\quad)^2}}$$

$$=\frac{(\quad)-(\quad)}{(\quad)}=\frac{(\quad)}{(\quad)}=(\quad) \tag{5}$$

$$E=\frac{1}{\pi r^2}\cdot\frac{T'-T}{e}=\frac{\{(\quad)-(\quad)\}}{\pi\cdot(\quad)^2\cdot(\quad)}=(\quad)\,\mathrm{N/m^2} \tag{6}$$

<u>参　考</u>：

1）様々な物質のYoung率などの弾性定数を表2に示す．

2）式(3)～(6)を用いた近似式として

$$E=\frac{g\ell^3(mh-Md)}{2\pi r^2h^3d}$$

として求めることができる．表1の一例と比較せよ．

表2　弾性定数の値

物　質	Young率 $E[10^{10}\,\mathrm{N/m^2}]$	剛　性　率 $\mu[10^{10}\,\mathrm{N/m^2}]$	体積弾性率 $\kappa[10^{10}\,\mathrm{N/m^2}]$	Poisson比 σ
鋼，鍛鉄	19～21	7.5～8.4	16～18	0.29
銅	12～13	4.0～4.7	13～14	0.34
真鍮	9～11	3.5～3.7	10	0.37
鉛	1.5～1.8	0.5～0.6	4.4	0.45
ガラス	5～8	2.0～3.2	3.5～6	0.25
Al	7.05	2.67	7.46	0.339

実験 14　ねじれ振り子による剛性率の測定

概　要：

剛性率（ずれの弾性率）

図のような直方体の物質の底面を固定して，上面に面と平行方向の力を加えると，その物質は加えられた力の方向にひずむ．このときのひずみの割合は，図の角度 θ で表すことができる．加えられた力の大きさが大きすぎない場合は，そのひずみの割合 θ は加えられた力の大きさに比例し，力を取り除くと元の形に戻る．このような変形を弾性変形と呼ぶ．また，ひずみの割合 θ は加えられた物体の面積に反比例する．すなわち，図のような物体（直方体）の上下の面積を S，加えられた力の大きさを F とすると，ひずみの割合 θ は，F に比例し，S に反比例する．

$$\theta = \frac{F/S}{\mu} = \frac{\tau}{\mu} \tag{1}$$

と表すことができる．左辺は，物体のひずみの割合，右辺の $F/S = \tau$ は物体に加えられたせん断応力であり，その比例係数に対応する μ をその物体の剛性率（ずれの弾性率）と呼ぶ．μ の大きさは定義式より，力/面積（＝圧力）の単位で与えられる．μ の値はそれぞれの物質によって決まっている（p.77 表 1 参照）．μ の値が大きい物質は，ひずみの割合が小さいので，硬い物質に対応する．

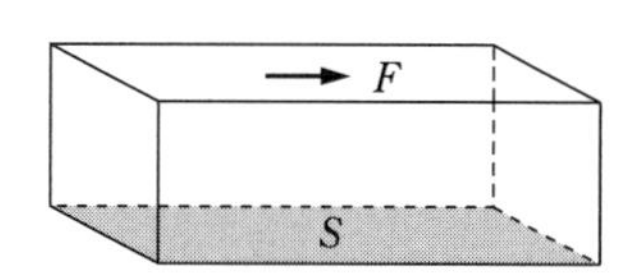

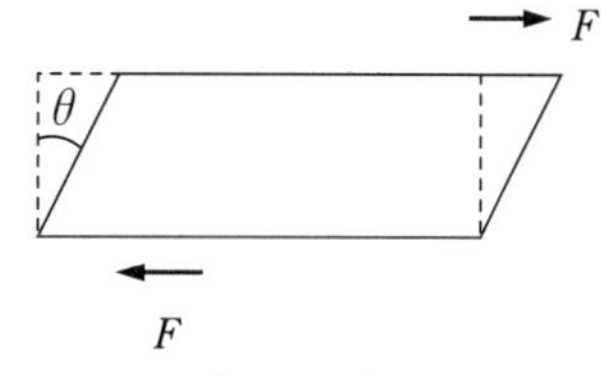

図 1　力とひずみの関係

目　的：ねじれ振り子の周期を測定し，針金の剛性率を求める．

原　理：円柱のねじれ．一様な円柱棒の一端を固定して，他端に偶力を加えて，棒をその中心軸のまわりにねじると，このときの変形は弾性定数 μ が関係する変形である．このとき

θ：ねじりの角

N：ねじりの偶力の moment

とすると，

$$N = C \cdot \theta$$

C は棒の太さ（半径 r），長さ（ℓ）や弾性的性質（剛性率 μ）によって決まる定数で

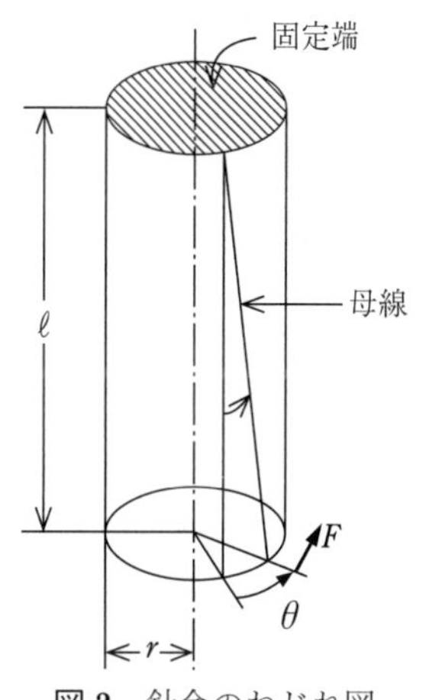

図 2　針金のねじれ図

$$C = \frac{\pi \mu r^4}{2\ell} \tag{2}$$

で表される（注1参照）．さて以上のような物理的な知識で，円柱（針金）のねじり振動による剛性率の測定の実験を考えてみよう．

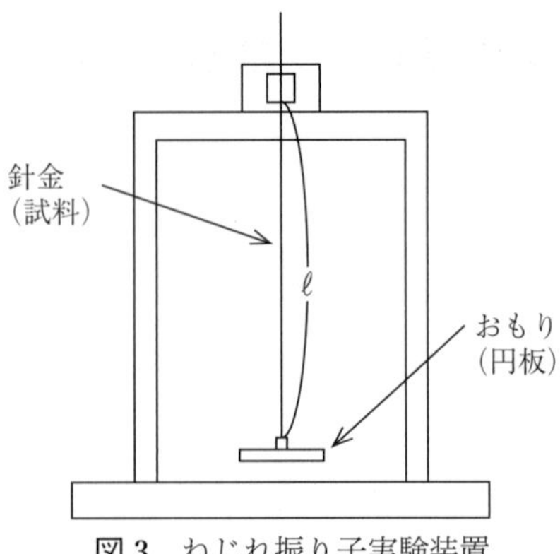

図3 ねじれ振り子実験装置

図3のように形や質量の知られた（すなわち慣性モーメントのわかっている）おもりを針金の先に取り付け，上端を固定して針金にねじりを与えて放つと，おもりは針金の中心線のまわりに回転の振動をする．

このときの運動方程式は

$$I\frac{\mathrm{d}^2\theta}{\mathrm{d}t^2} = -N \tag{3}$$

$N = C\cdot\theta$ ゆえ，上式は

$$\frac{\mathrm{d}^2\,\theta}{\mathrm{d}t^2} + \frac{C}{I}\,\theta = 0 \tag{3′}$$

ここで，C, θ, N は前出，I はおもりの針金の中心線のまわりの慣性モーメントである．

（3′）の微分方程式の解は

$$\theta = \theta_0\,\sin\left(\sqrt{\frac{C}{I}}\,t + \alpha\right) \quad \theta_0,\ \alpha：任意定数$$

したがって，振動の周期は

$$T = 2\pi\sqrt{\frac{I}{C}} \tag{4}$$

である．C は前に述べたように $C = \dfrac{\pi\mu r^4}{2\ell}$ であるから，T は，

$$T = 2\pi\sqrt{I \times \frac{2\ell}{\pi\mu r^4}} \tag{4′}$$

である．おもりは，厚さ h，半径 R，質量 M，$\left(\text{密度 } \sigma = \dfrac{M}{\pi R^2 h}\right)$ の均質な円板で，円板の中心を通り，板に垂直な軸のまわりに回転させる．

そのときの円板の慣性モーメント I は次のようにして求められる．

$$\begin{aligned} I &= \int_0^R \sigma\rho^2 \mathrm{d}V \\ &= \int_0^R \sigma\rho^2 (h\cdot 2\pi\rho\ \mathrm{d}\rho) \\ &= \sigma 2\pi h\int_0^R \rho^3 \mathrm{d}\rho \end{aligned}$$

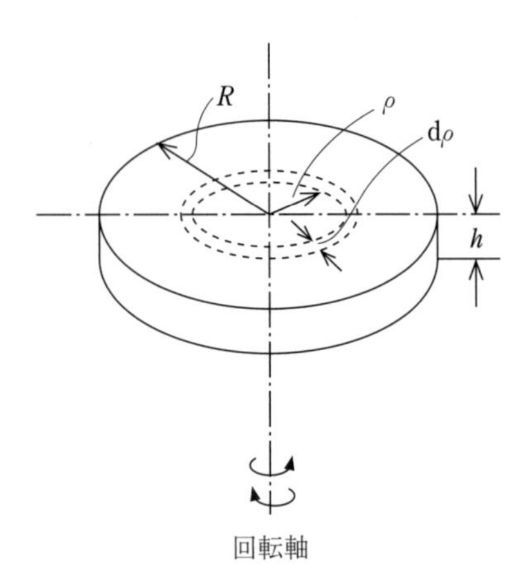

図4 円板の慣性モーメントの計算

$$= \frac{1}{2}\sigma\pi h R^4$$

$$= \frac{1}{2}MR^2 \tag{5}$$

ゆえに，

$$T = 2\pi\sqrt{\frac{MR^2}{2}\times\frac{2\ell}{\pi\mu r^4}} = 2\pi\sqrt{\frac{MR^2\ell}{\pi\mu r^4}} \tag{6}$$

したがって，

$$\mu = \frac{4\pi MR^2\ell}{r^4T^2} \tag{7}$$

となる．

（注 1）$N = C\theta = \left(\frac{\pi\mu r^4}{2\ell}\right)\theta$ の関係

ρ と $\rho+\mathrm{d}\rho$ なる 2 円にはさまれる環状部に作用する力は，応力を τ として $\tau 2\pi\rho\,\mathrm{d}\rho$．ただし，$\tau = \mu\frac{\rho\theta}{\ell}$．ゆえに，円柱下端に作用するねじりモーメント N は

$$N = \int_0^r \tau(2\pi\rho)\mathrm{d}\rho\cdot\rho = \int_0^r \mu\frac{\rho\theta}{\ell}2\pi\rho\cdot\rho\mathrm{d}\rho$$

$$= \frac{2\pi\mu\theta}{\ell}\int_0^r \rho^3\mathrm{d}\rho = \frac{2\pi\mu\theta}{\ell}\cdot\frac{r^4}{4} = \frac{\pi\mu r^4}{2\ell}\theta$$

となるからである．

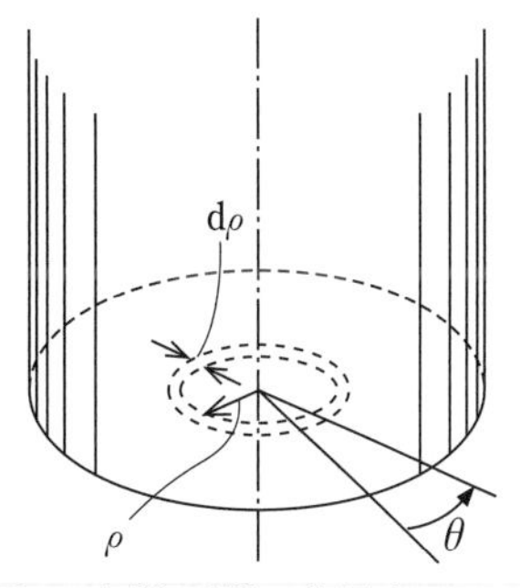

図 5　円柱下端に作用するねじりモーメントの計算

（注 2）許容応力以内での振幅角度 θ はどの程度か？　ねじりの許容応力を τ_c とすると，

$\tau_c = \mu\frac{r\theta}{\ell}$　∴　$\theta = \frac{\tau_c\ell}{\mu r}$ で与えられる．

たとえば鉄線の場合，τ_c は振動荷重のとき 120 kg重/cm^2 ～160 kg重/cm^2 であるから，$\tau_c = 150$ kg 重/cm^2 $= 1.5\times10^7$ N/m^2 として，$\ell = 1.0$ m，$r = 5.0\times10^{-4}$ m，$\mu = 8.0\times10^{10}$ N/m^2

とすると，　$\theta = \frac{1.5\times10^7\times1.0}{8.0\times10^{10}\times5.0\times10^{-4}} = 0.37\ \mathrm{rad} = 21^\circ$

となる．

（注 3）おもりの円板を取り付ける小金具などの大きさは，実験にどの程度影響を及ぼすか？

同質（密度 σ），同厚（厚さ h）の円板の慣性モーメントは式（5）途中より円板の半径の 4 乗に比例するので，もし円板の半径の 1 割の半径の同質同厚の円板を付加しても $(0.1)^4 = 10^{-4}$ 倍

の変化を生ずるのみであるから，小金具などを加えても無視してよいわけである．

実験方法：

1）ねじれ振り子実験装置側面のアクリル管の中から針金（鉄，太さの違う2種類の銅，アルミ）を1本選ぶ．針金の直径 $2r$ をマイクロメーターで，おもりの円板の直径 $2R$ をノギスでそれぞれ数ヵ所測定する．

2）おもり（鉄製の円盤）の質量 M を天秤で測定する．

3）針金の一端を固定し，他端におもりを取り付け，そのときの針金の長さ ℓ を測定する．ただし，針金の長さは，おもりが測定台の床にすれすれになるよう長くする．針金は折り曲げないように注意すること．

4）おもりにチョークで指標を付け，おもりが静止しているときの指標の位置を原点として，その左か右に，初め約20° の角振幅をもって，ねじれ振動をさせる．

5）周期 T を測定するのに30スプリットメモリー・ストップウォッチを使用する．指標が左から右へ通過する瞬間を数えて，5回ごとに5回，10回，15回，…，50回のスプリットタイムを記録する．この測定値を用い，p.27の移動平均法に従って T を求める．

30スプリットストップウォッチの使い方は机上のカードを参照せよ．

6）式（7）より，この針金の剛性率 μ を求める．

7）残り3本の針金について，それぞれ1）〜6）を行う．

注　意：

1）周期の測定は強制振動ではなく，自由振動のとき測定しなければいけない．それには，数周期自由に振動させてから測定を始めよ．手を放すと同時に測定をしてはいけない．

2）振動する物体の振動周期を測定するときは，止まったとき（変位速度0），早く動いているとき（変位速度最大）のどちらが，精度よく周期が測定できるか？　変位速度最大の方がよい．理由を考えて，理解してから実験を行え．

3）また振動回数 n 回，と測定したときの n も測定値である．したがって，誤差（有効数字）を考える必要がある．n の精度を上げるために指標（位置の基準線，印など）を設けるとよい．

4）おもり（鉄製の円盤）の中心に付いている装置を「チャック」という．ねじをゆるめれば，中心部に隙間ができるので，そこに針金を入れ，ねじを締めれば針金を固定することができる．チャックは身近な物では電気ドリルなどに使われている．

5）使用後は針金をアクリル管に戻すこと．

14−5

参　考：

1）表１に各物質の剛性率などの弾性定数の値を示す.

表１　弾性定数の値

物　質	Young 率 E [10^{10} N/m^2]	剛　性　率 μ [10^{10} N/m^2]	体積弾性率 κ [10^{10} N/m^2]	Poisson 比 σ
鋼，鍛鉄	19〜21	7.5〜8.4	16〜18	0.29
銅	12〜13	4.0〜4.7	13〜14	0.34
真鍮	9〜11	3.5〜3.7	10	0.37
鉛	1.5〜1.8	0.5〜0.6	4.4	0.45
ガラス	5〜8	2.0〜3.2	3.5〜6	0.25
Al	7.05	2.67	7.46	0.339

実験 15　ばね秤による表面張力の測定

概　要：

表面張力

液体の表面は縮まろうとする傾向をもつ．膨らんだゴム風船が縮まろうとするのと類似している．その力の大きさは次のようにして定義される．液体表面に直線を想定すると，その直線部は，液体表面に沿って直線に垂直に，液体表面から引っ張る力を受けていると考えられる．直線の単位長さあたりに加わる力の大きさを表面張力と呼ぶ．したがって，表面張力 T は，力の大きさ F を長さ L で割った単位で測ることができる．通常は力はN，長さはmで測るので，T の単位はN/mであるが，便宜上cgs単位を用いて，dyne/cmを用いることもある．表面張力の大きさは，液体の種類によって異なっている．

図1　表面張力

目　的：ばね秤を用いて液体の表面張力を測定する．

使用機器の説明：ばね秤は図に示されたように，

① 鏡に尺度目盛りのついた支柱
② 極めて感度のよいばね
③ 指　　標
④ おもり皿
⑤ 表面張力試験用環
⑥ 載 物 台
⑦ マイクロメーター
⑧ 水平調節用ネジ
⑨ 載物台固定用ネジ
⑩ 支柱伸縮用ネジ
⑪ 足台（取り外してはいけない）

からなっている．

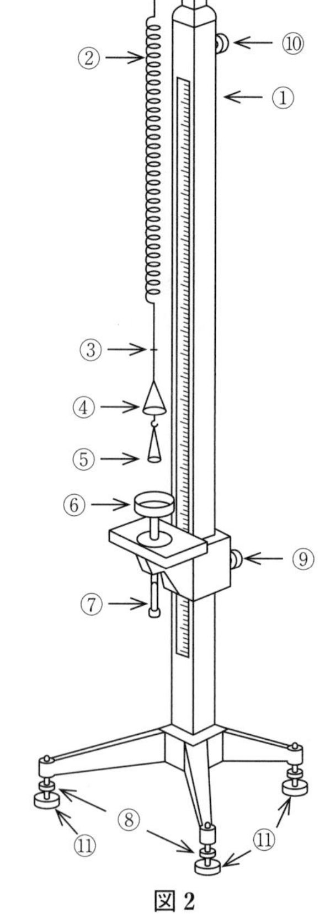

図2
ジョリー（Jolly）のばね秤

原　理：環⑤を被測定液面に接触させ，それが離れる直前においてはばねの弾力 F は引き上げられた液体の質量にかかる重力と全表面張力との和に等しくなって釣り合い，次式の関係が得られる．

$$2\pi(r_1+r_2)T+\pi(r_2{}^2-r_1{}^2)h\rho g=F \tag{1}$$

ただし，重力加速度の大きさを g とする．

したがって，表面張力 T は

$$T=\frac{F}{2\pi(r_1+r_2)}-\frac{r_2-r_1}{2}h\rho g\ \text{(N/m)} \tag{2}$$

により求まる．

ここで $2r_1, 2r_2$ は円環の内径および外径，ρ は温度 t [℃] における液体の密度，h は液体が引き上げられた高さを示す．

一般に液体の表面張力は温度の上昇とともに減少する．

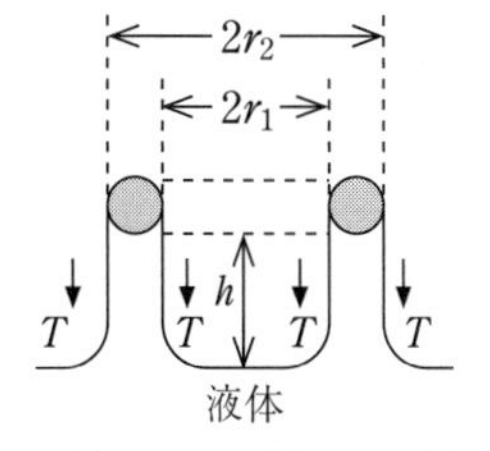

図 3　円環により引き上げられた液体と表面張力

実験方法：

1）ばね秤のばね定数 k の測定：まずネジ⑧を調節して，ばね②が支柱①と平行になるようにして，無加重の場合の指標③（糸を結び付けておくとよい）の位置を読み取る．この場合，支柱の鏡に映った指標の虚像と，指標とを結ぶ線上の目盛りを読み取るとよい．

同様にしておもり皿④の上に用意された 200 mg の分銅を 1 枚ずつ順次載せていき，そのときのばねの伸びを読み取る．さらに分銅を取り去っていくときも読み取り，往復の平均値をとる．

分銅の質量より求めた力 F と，ばねの伸び x の関係（図 4）が得られる．そして，$F=kx$ により k を求める．

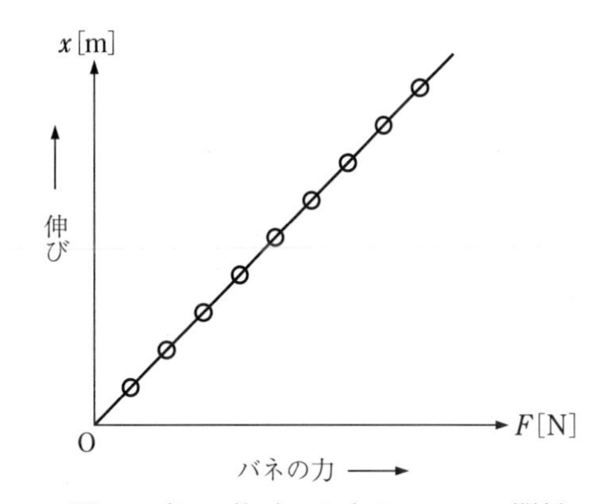

図 4　ばねの伸び x と力 $F=mg$ の関係

2）ばねの伸び a と液体の引き上げられた高さ h の測定：試験用環⑤が載物台⑥の中心にくるように水平調節用ネジ⑧を調節する．液体に接触させる前の指標の位置 a_1 を読む．次に小さなシャーレーに液体（水，アルコール，グリセリンのうち 1 種類）を入れ，載物台⑥に載せる．マイクロメーター⑦を 2 mm～3 mm に合わせてから，ネジ⑨をゆるめて静かに載物台全体を持ち上げ，円環⑤が液面と接触する直前で固定する．マイクロメーターを回し，載物台上方に動かし，液面を円環⑤に接触させる．このときの，マイクロメーターの読みを h_1 とする．

次に指標③の位置に注目しながら，マイクロメーターを静かに回して台⑥を徐々に下げる．そして円環が液面を離れる寸前に指標③の位置 a_2 を読み取り，さらにそのときのマイクロメーターによる台の下り h_2 もマイクロメーター⑦より読み取る（注：円環が液面より離れると，a_2 は求められないから，少しマイクロメーターを動かし，a_2 を読み，さらにマイクロメーターを少し動かし，また a_2 を読むという手段を円環が液面より離れるまで繰り返すとよい）．以上求めた値 a_1, a_2, h_1, h_2 よりばねの伸び $a = a_2 - a_1$ と液体の引き上げられた高さ $h = h_2 - h_1 - a$ を求め得る．

なお，$2r_1, 2r_2$ はノギスで測ればよい．

3）式(2)より，この液体の表面張力を求める．

4）残り2種類の液体について，2)～3)を行う．

注　意：

1）h の値は小さいので実験は慎重に行わないとよい結果が出ない．目測での h の大きさと実測値との比較を行うこと．そして，T が計算できる段階になれば，すぐに概算してみること．

2）ばねは特殊な金属で造られていて，ごく感度のよいものであるから，丁寧に扱い，実験は静かに行うこと．

3）同じ液体について何回も測定し，その平均値を求めよ．測定に際しては，その都度円環を拭いて乾かすこと．特にグリセリンの使用後はよく拭くこと．

4）液体を変えるときには，シャーレーを洗い，乾かしてから行うこと．

5）同じ液体について温度を変えて行うのもよい．

参　考：

1）様々な液体の密度および表面張力を表1に示す．

表1　様々な液体の密度および表面張力

液　　体	温度 [℃]	密度 [g/cm^3]	表面張力 [10^{-3} N/m]
水	0	0.99984	75.62
〃	15	0.99910	73.48
〃	30	0.99565	71.15
エチルアルコール	20	0.789	22.27
グリセリン	20	1.264	63.4

実験 21　水熱量計による熱の仕事当量の測定

概　要：

熱の仕事当量

熱はエネルギーの一形態である．仕事はすべて熱に変えられるのに対し，熱はそのすべてを仕事に変えることはできない（熱力学第2法則を参照のこと）．力のした仕事がすべて熱に変わるとき，発生する熱量は仕事に比例する．仕事は単位ジュール（記号J）で表し，1ニュートン（N）の力が物体に作用してその方向に1mだけ動かす間にその力がなす仕事が1Jとして定義される．熱量は単位カロリー（cal）で表し，水1gを1気圧の下で温度を14.5℃から15.5℃まで上昇させるのに必要な熱量として定義される．ここで，仕事を W [J]，熱量を Q [cal] とすると，以下の関係が成り立つ．

$$W = JQ \tag{1}$$

ここで J を仕事当量と呼ぶ．J の値は4.186 J/calである．これにより1 calの熱量を発生させるにはおよそ4.2 Jの仕事が必要であることがわかる．

目　的：電流がした仕事と電流によって電熱線中に発生した熱量を水熱量計で測定し，熱の仕事当量 J を求める．電気計器の使用法を修得する．

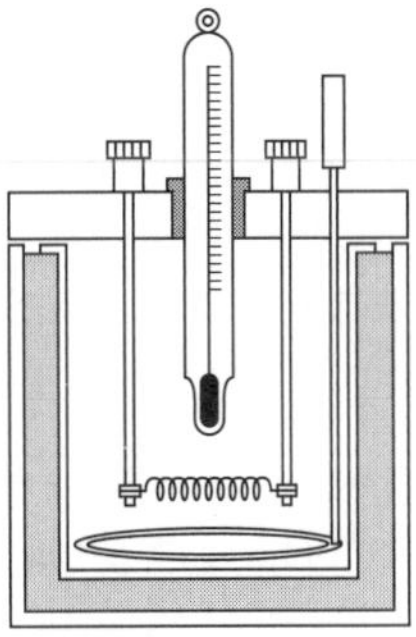

原　理：熱量計（図1）に水を入れ，図2に示す回路を構成する．熱量計の中の電熱線に電流を流すと，水温 θ の時間変化は図3のようになる．t_1 秒間たったときの消費電力量 W [J] は，電熱線の両端の電位差を V [V]，それに流れる電流を I [A] として，

$$W = VIt_1 \tag{2}$$

である．熱量計内の水の質量を m [g]，熱量計の水当量を w [g] とし，t_1 [s] 間にその温度が θ_0 [℃] から θ_1 [℃] に上昇したとすると，加えられた熱量は，

図1　水熱量計

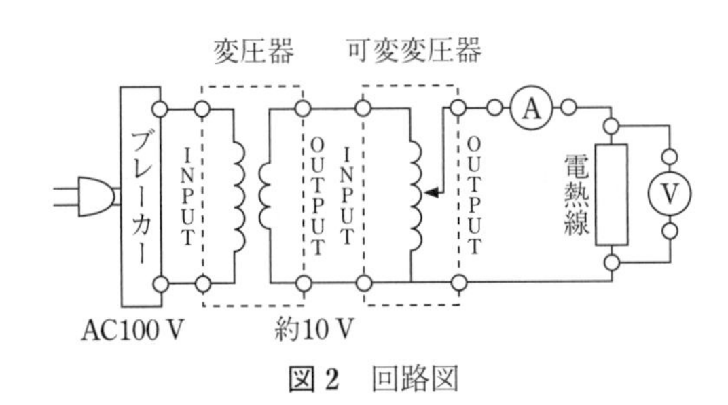

図2　回路図

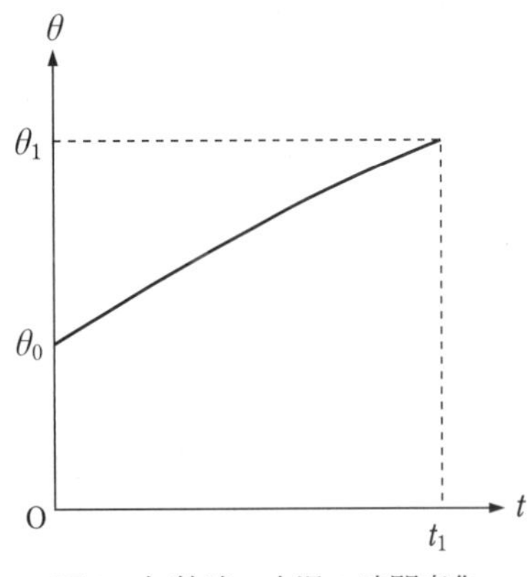

図3　加熱時の水温の時間変化

$$Q = (m+w)(\theta_1 - \theta_0) \tag{3}$$

となる．(2)，(3) を (1) に代入して，

$$J = \frac{IVt_1}{(m+w)(\theta_1 - \theta_0)} \tag{4}$$

となり，仕事当量 J を求めることができる．

ただし，ここまでは以下で述べる熱の放散を考慮していない．

電力があまり大きくなく，水の温度上昇に時間を要するときは，熱量計周囲からの熱の放散の影響が大きくなり，熱放散がないと考えた場合（直線変化）と温度の上昇のしかたが異なってくる．そこで，以下のように熱放散の効果を考える．

$\mathrm{d}t$ [s] 間の電流による発生熱量 $\mathrm{d}Q$ は

$$\mathrm{d}Q = \frac{IV}{J}\mathrm{d}t \tag{5}$$

一方，同じ $\mathrm{d}t$ [s] 間の熱の放散量 $\mathrm{d}Q'$ は，熱量計の温度 θ と周囲の温度（室温）θ_C との差および時間 $\mathrm{d}t$ に比例する．

$$\mathrm{d}Q' = \beta(\theta - \theta_\mathrm{C})\mathrm{d}t \tag{6}$$

ただし，β は定数である．

差引き $\mathrm{d}t$ 時間に加えられる熱量がその間の温度上昇 $\mathrm{d}\theta$ を引き起こすから，

$$\mathrm{d}Q - \mathrm{d}Q' = (m+w)\mathrm{d}\theta$$

この式に (5)，(6) 式を代入すると

$$\frac{IV}{J}\mathrm{d}t - \beta(\theta - \theta_\mathrm{C})\mathrm{d}t = (m+w)\mathrm{d}\theta$$

となり，書きかえると，次の微分方程式が得られる．

$$\frac{\mathrm{d}\theta}{\mathrm{d}t} = \frac{IV}{J(m+w)} - \alpha(\theta - \theta_\mathrm{C}) \tag{7}$$

ただし，$\alpha = \beta/(m+w)$ である．

この式の右辺第1項は電力による温度上昇，第2項は，放散による温度下降を表す．式 (7) は，解析的な解が存在するが，ここでは，熱放散があまり大きくないとして，近似的に解を求める．

$f_0(t)$ を熱放散がない場合の温度，$f_1(t)$ を熱放散による補正とすると ($f_0 \gg f_1$)

$$\theta(t) = f_0(t) + f_1(t) \tag{8}$$

式 (7) に式 (8) を代入して，

$$\frac{\mathrm{d}}{\mathrm{d}t}(f_0 + f_1) = \frac{IV}{J(m+w)} - \alpha(f_0 + f_1 - \theta_\mathrm{C}) \tag{9}$$

この式の中で，主要な項 (0 次項) は，

$$\frac{\mathrm{d}f_0}{\mathrm{d}t} = \frac{IV}{J(m+w)} \tag{10}$$

残りの項（1 次項）は，

$$\frac{\mathrm{d}f_1}{\mathrm{d}t} = -\alpha(f_0 - \theta_\mathrm{C}) \tag{11}$$

となる．式（10）を積分して，

$$f_0(t) = \theta_0 + \frac{IV}{J(m+w)}\,t \tag{12}$$

ここで，θ_0 は，$t = 0$ のときの水の温度である．この $f_0(t)$ を式（11）に代入して，式（11）を積分することによって，$f_1(t)$ が求められる．

$$f_1(t) = -\alpha\left\{(\theta_0 - \theta_\mathrm{C})t + \frac{1}{2}\,\frac{IV}{J(m+w)}\,t^2\right\} \tag{13}$$

したがって，熱放散を考慮した場合の $\theta(t)$ は，式（8）に式（12），（13）を代入し，$\theta_0 \simeq \theta_\mathrm{C}$ とすると，

$$\theta(t) = \theta_0 + \frac{IV}{J(m+w)}\,t - \alpha\,\frac{IV}{2J(m+w)}\,t^2 \tag{14}$$

となる．時刻 t_1 での水の温度を θ_1 とすると，式（14）から J を求めることができる．

$$J = \frac{IVt_1}{(m+w)(\theta_1 - \theta_0)}\left(1 - \frac{1}{2}\,\alpha t_1\right) \tag{15}$$

これは，式（4）に $\left(1 - \frac{1}{2}\,\alpha t_1\right)$ の補正項を掛けたものである．

α は次のような方法で求める．加熱後，電流を断って（$I = 0$）熱入力をなくすと，水の温度 $\theta(t)$ の時間変化は，式（7）より，

$$\frac{\mathrm{d}\theta}{\mathrm{d}t} = -\alpha(\theta - \theta_\mathrm{C}) \tag{16}$$

この解は，電流を断った時の水温を θ_2 として，

$$(\theta(t) - \theta_\mathrm{C}) = (\theta_2 - \theta_\mathrm{C})\exp(-\alpha t) \tag{17}$$

となり，水温 θ の時間変化は図 4 のようになる．時刻 t_3 での水の温度を θ_3 とすると，

$$\alpha = -\frac{1}{t_3}\,\ell\mathrm{n}\left(\frac{\theta_3 - \theta_\mathrm{C}}{\theta_2 - \theta_\mathrm{C}}\right) \tag{18}$$

となって，α を求めることができる．

注. $\exp x$（エクスポネンシャル x と読む）は e^x のこと．$\ell\mathrm{n}$ は $\log_e$ で自然対数（底が $e = 2.718\cdots$ の対数）のこと．常用対数は $\log_{10}$ で底が 10 である．

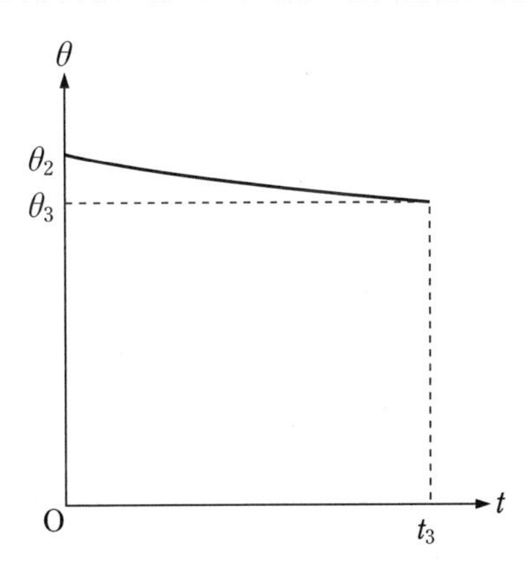

図 4　放熱時の水温の時間変化

<u>**実験方法**</u>：

1）銅の容器，およびかく拌（はん）器の質量を天秤を用いて測定し，これらの質量の和に 0.0930 を掛けて *水当量 w［g］を求める．（水当量については，p.84 の最後の 2 行を参考にする．）

2）銅の容器に8分目ほどの水を入れて質量を測定し，水の質量 m を求める．以後，水の量は，毎回同程度となるように注意する．

3）電流と電圧により電力を求め，電力を一定値（40 W 程度）に保ち，かく拌（はん）しながら（最終値がとれるまで），水温を上昇させる．このときの電圧，電流を最小目盛に注意して記録する．水温が室温と同程度になったら，水温 $\theta(t)$ を1分ごとに測定する（40 ℃～45 ℃程度になるまで約10分間）．このときの最終値が θ_1, t_1 である．θ と t の関係をグラフにプロットしながら実験を行うこと．かく拌（はん）を怠ると，容器内の温度が非一様になり，正確な水温が測定できない．

4）次に電流を断って，水温が下がる様子を1分ごとに測定し，15分程度続ける．このときの最終値が θ_3, t_3 である．（電流を断っても対流は起こっている．かく拌（はん）を怠らないこと．）この測定は1回でよい．

5）熱の仕事当量 J を求める．

6）水を取り替え，その都度，質量を測定し，電力を20 W～40 W 程度の範囲で変えて，2），3），5）の測定を数回行う（約10分間の加熱のみで良いが，少なくとも $\theta_1-\theta_0>10$ ℃になるまで計測すること．）．

注　意：

1）質量測定は実験台備え付けの天秤を用いること．

2）θ と t の関係はグラフに表すこと．

3）温度計は最大50 ℃までのものを使用するので，t_1 が10分以内で $\theta_1 < 50$ ℃の範囲で実験すること．

4）式（4）（さらに時間に余裕があれば式（15））を用いて，1回の測定ごとに J の値を計算し，ばらつきが大きければ，測定回数を増やすこと．J と電力との間に相関関係がみられたら，その原因を検討せよ．

5）電流を流すときは，電熱線が水中にあることを確認せよ．空気中で発熱させると溶断する恐れがあるので注意せよ．

6）可変変圧器の入出力を間違えると，過大電流が流れ危険である．入力（input）・出力（output）を間違えないようにすること．

*水当量：ある物質の温度を1 ℃上昇させるのに必要な熱量が，w [g] の水の温度を1 ℃上昇させるのに必要な熱量と等しいとき，物質を水で置き換えたと考え，質量 w で表したもの．

実験 22　流水による熱の仕事当量の測定

概　要：

熱の仕事当量

熱はエネルギーの一形態である．仕事はすべて熱に変えられるのに対し，熱はそのすべてを仕事に変えることはできない（熱力学第 2 法則を参照のこと）．力のした仕事がすべて熱に変わるとき，発生する熱量は仕事に比例する．仕事は単位ジュール（記号 J）で表し，1 ニュートン（N）の力が物体に作用してその方向に 1 m だけ動かす間にその力がなす仕事が 1 J として定義される．熱量は単位カロリー（cal）で表し，水 1 g を 1 気圧の下で温度を 14.5 ℃ から 15.5 ℃ まで上昇させるのに必要な熱量として定義される．ここで，仕事を W [J]，熱量を Q [cal] とすると，以下の関係が成り立つ．

$$W = JQ \tag{1}$$

ここで J を仕事当量と呼ぶ．J の値は 4.186 J/cal である．これにより 1 cal の熱量を発生させるにはおよそ 4.2 J の仕事が必要であることがわかる．

目　的：電流がした仕事と，電流によって電熱線中に発生した熱量を流水熱量計で測定し，熱の仕事当量 J を求める．

原　理：ニクロム線の入った細い流水管に定常の水を流し，ニクロム線に電流を流すと，加えた電気エネルギーは，熱エネルギーに変換され流水の温度を上昇させ，また装置から熱放射される．電力を加えてしばらくは流水管出口の温度は上昇し続けるが，やがて一定温度に達する．このとき以後は熱平衡の定常状態で，加えた電気エネルギーは電流 I [A] と電圧 V [V] の積で IV [W = J/s] であり，流出する熱エネルギーは，流量 Q [g/s]，流水管両端の温度差 θ [℃]，水の比熱 C [cal/(g･℃)]，仕事当量 J [J/cal] の積 $JCQ\theta$ と装置から熱放射されるエネルギー $h\theta$ の和となる．h は熱放射の比例定数である．したがって，

$$IV = JCQ\theta + h\theta \tag{2}$$

が成立する．I, V と Q の異なる 2 つの条件の下で，それぞれ θ を知れば h はわからなくても J を求めることができる．

低電力 I_1V_1 と低流量 Q_1 での測定から

$$I_1V_1 = JCQ_1\theta_1 + h\theta_1 \tag{3}$$

高電力 I_2V_2 と高流量 Q_2 での測定から

$$I_2V_2 = JCQ_2\theta_2 + h\theta_2 \tag{4}$$

式 (3) と，(4) から h を消去すると

$$J=\frac{\dfrac{I_2V_2}{\theta_2}-\dfrac{I_1V_1}{\theta_1}}{C(Q_2-Q_1)} \tag{5}$$

となり，熱の仕事当量 J が求められる．

実験方法：

1）水道水を流し，タンクから水をオーバフロー（あふれ）させ，水位を一定にする．

2）電力を加える電気回路の結線をする．

3）低流量 Q_1 になるようタンクを下げ，低電力 I_1V_1 [W] になるよう電圧を調整する．

4）流水管入口の温度 t_1 [℃] と出口の温度 t_2 [℃] の時間変化を測定し，図示する．

5）t_2 [℃] が一定に達したら，温度差 $\theta_1=t_2-t_1$，流量 Q_1 [g/s] を測定する．流量 Q の測定は水の密度を 1.00 [g/cm^3] としてメスシリンダ，ストップウォッチを使う．この測定中，電流 I_1 と電圧 V_1 とが一定であることを確かめておく．

6）高流量 Q_2 になるようタンクを上げ，高電力 I_2V_2 [W] になるように電圧を調節し，上記 4），5）と同様な測定をする．

7）式（5）より J を計算する．

8）3）から 7）を繰り返し測定する．

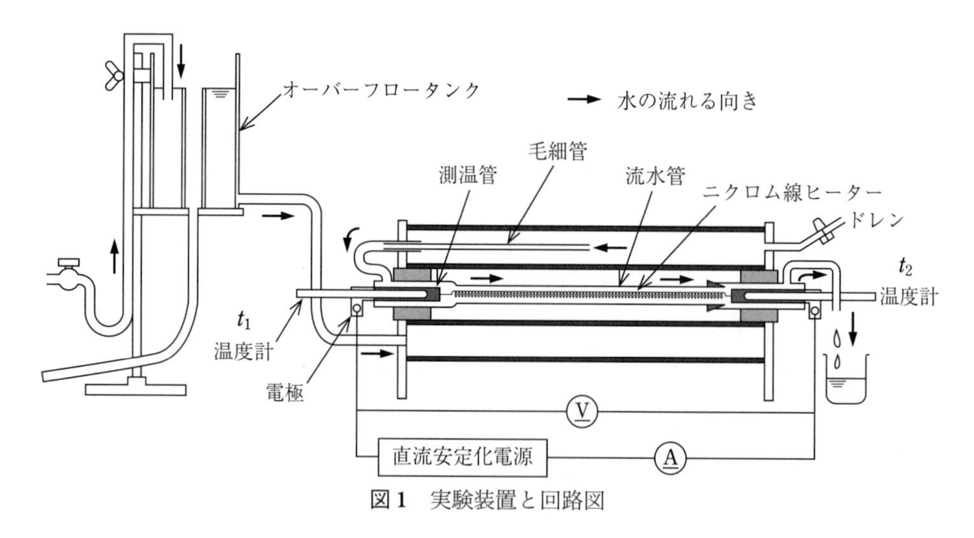

図1　実験装置と回路図

注　意：

1）実験装置は非常に壊れやすいので注意すること．気泡が入っているのが気になったら，自分で取らず指導教員に取ってもらうこと．実験の始め，退室前に装置が破損していないか確認すること．

2）実験を始める前に，水の流れがどうなっているか，図上と実験装置で確認せよ．

3）電圧計，電流計の文字板に描かれている⊓の記号は，文字板を水平にして測定せよという意味である．垂直な状態で測定しないように注意せよ．

4）C は 1.00 cal/（g·°C）として計算する．

5）終了後，流量測定に使った流水出口のチューブをクランプで止めよ．

実験 23　気体の比熱比の測定

概　要：

気体の比熱比

ある物質1gの温度を1℃上昇させるのに必要な熱量を比熱という．たとえば，水は1.0 cal/(g·℃)，銅は0.0930 cal/(g·℃)である．比熱の小さい物質は暖まりやすく，冷めやすい．

固体の場合，温度上昇に伴う体積変化は小さく，一般に比熱に対する影響は無視してよい．気体の比熱の場合，体積一定の下での比熱と圧力一定の下での比熱を区別して考える必要がある．体積一定の下で，1モルあたりの比熱を定積（モル）比熱といい，C_V [cal/(mol·℃)] で表す．圧力一定の下で，1モルあたりの比熱を定圧（モル）比熱といい，C_p [cal/(mol·℃)] で表す．定圧下で気体の温度を上昇させると，体積の膨脹を伴う．したがって，気体を膨脹させるのに余分な熱量が必要なため定圧比熱 C_p は定積比熱 C_V と比べて大きくなる．単原子理想気体の場合 $C_V = (3/2)R$，$C_p = (5/2)R$ である．ただし，R は気体定数である．ここで，次のようなメイヤーの関係式 $C_p = C_V + \mathrm{R}$，が成り立つ．また，定圧比熱と定積比熱の比を比熱比 γ といい，以下のように $\gamma = C_p/C_V$，と表す．単原子理想気体の場合，$\gamma = 5/3$ となる．一般の気体では分子の並進運動エネルギー以外に分子の回転や振動のエネルギーの効果が加わるため γ は 5/3 よりも小さくなる．

目　的：空気の比熱の比 γ をClément-Désormes（クレマン・デゾルム）の方法を用いて測定する．

原　理：物が熱せられると，温度が上昇するとともに膨張して外圧に対して仕事をする．したがって，加えられた熱エネルギーの一部はこの仕事として消費される．それゆえ膨張させるときとさせないときとではその比熱の値が異なる．固体，液体の場合は膨張が少なく，比熱を区分する必要はないが，気体の場合は区別する必要がある．一定圧力の下に気体を熱し，外圧に対し仕事をさせながら，温度を上昇させるときの比熱を定圧比熱 C_p，外圧に対して少しも仕事をさせないときの比熱を定容（定積）比熱 C_V という．C_V は一般に測定が困難であるが，気体の両比熱の比 $\gamma = C_p/C_V$ は断熱変化から比較的容易に測定できる．

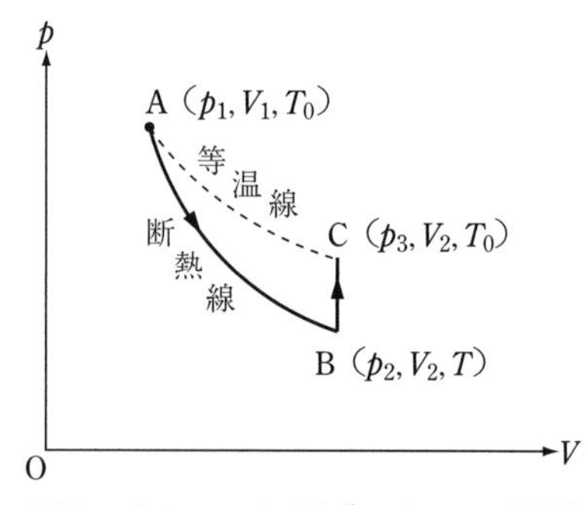

図1　クレマン・デゾルムの p–V 図

大気の圧力 p_0，温度 T_0 の下で，ある一定量の気体の状態を図1に示すクレマン・デゾルムの循環過程を満たすように変化させる．$p_1 > p_0$ の状態 A (p_1, V_1, T_0) を作り，圧力 p_1 を断熱的に大気に開放して閉じた瞬間が状態 B (p_2, V_2, T) である．ここで p_2 はほとんど p_0 と考えられる．断熱変化においては PV^{γ} が一定に保たれるから次の状態式が成り立つ．

$$p_1 V_1{}^{\gamma} = p_2 V_2{}^{\gamma} \tag{1}$$

状態Bをそのまま放置しておくと，吸熱の定積変化により状態C (p_3, V_2, T_0) となる．状態AとCの関係は pV が一定である等温変化過程をなしている．したがって，このとき次の状態式が成り立っている．

$$p_1 V_1 = p_3 V_2 \tag{2}$$

2つの式から V_1 と V_2 を消去すると

$$\frac{p_1}{p_2} = \left(\frac{p_1}{p_3}\right)^{\gamma}$$

$$\therefore \quad \gamma = \frac{\log(p_1/p_2)}{\log(p_1/p_3)} = \frac{\log p_1 - \log p_2}{\log p_1 - \log p_3} \tag{3}$$

実験は，図2に示されるクレマン・デゾルムの装置で行う．膨張・圧縮は，体積変化を伴うので取り扱いが困難である．そこで，容積一定のガラス容器にコックKを通じて急速に気体を注入，あるいは容器から気体を放出することで断熱圧縮，断熱膨張と同じ効果を得る．その後，容器内の気体の温度と大気の温度の差が生じると，容器壁を通じて熱の吸収・放出が行われ，容器内の気体の温度は大気と同じ温度 T_0 になる．気体の圧力は水マノメーターで測る．

U字管の片側が大気に開放されているので左右の水柱の高さの差を h とすると $p = p_0 + \rho g h$ となる，ρ は水の密度，g は重力加速度の大きさである．状態A, B, Cでの h をそれぞれ h_1, h_2, h_3 とすると式(3)より比熱比 γ は

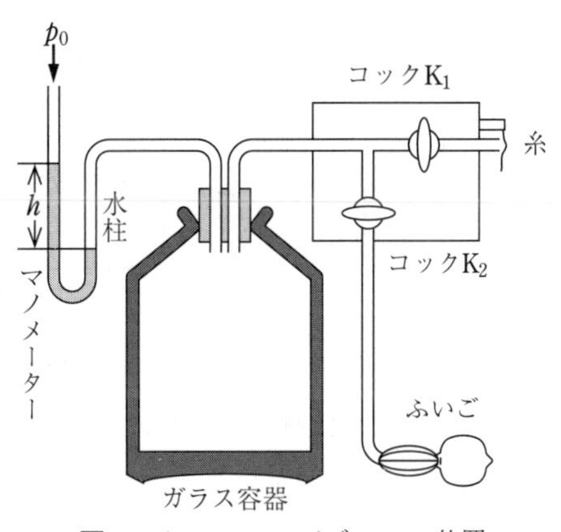

図2　クレマン・デゾルムの装置

$$\gamma = \frac{\log(p_0+\rho g h_1) - \log(p_0+\rho g h_2)}{\log(p_0+\rho g h_1) - \log(p_0+\rho g h_3)}$$

$$= \frac{\log\left(1+\dfrac{\rho g h_1}{p_0}\right) - \log\left(1+\dfrac{\rho g h_2}{p_0}\right)}{\log\left(1+\dfrac{\rho g h_1}{p_0}\right) - \log\left(1+\dfrac{\rho g h_3}{p_0}\right)}$$

$$\fallingdotseq \frac{\rho g h_1/p_0 - \rho g h_2/p_0}{\rho g h_1/p_0 - \rho g h_3/p_0} = \frac{h_1 - h_2}{h_1 - h_3} \tag{4}$$

となり，h_1, h_2, h_3 で表される．

h_1 と h_3 は状態AとCが定常状態であるから読み取りに問題はないが，状態Bは瞬時に変化してしまうので h_2 を直接測定するのは難しい．

定積変化であるB→C過程における温度は，Newtonの冷却の法則（この場合は加熱）に従い指数関数的に変化するので，閉じた瞬間の値は測定できなくても，ある時間経過した後のB→C過程の温度変化，すなわち圧力変化が測定できればこの変化を外挿して，h_2 を知ることができる．

実験方法：

1）最初にコックK_1を開いた状態でのマノメーターの平衡点の読みを記録する．

2）コックK_1を閉じ，K_2を開き，ふいごで加圧し，コックK_2を閉じる．閉じたときからのマノメーターの変化を時間とともに読み取り，グラフ化する．容器内の温度と室温との温度平衡がとれたとき変化しなくなるので，その時間をグラフから読み取り，以後の実験に使用する．このグラフ化は1回でよい．このときの2つのガラス管の液面の高さの差がh_1となる．h_1の測定は毎回行う．

3）糸を見ながらコックK_1を開け，糸がその位置に戻りかけたらコックK_1を閉じる．それと同時にストップウォッチをスタートさせる．マノメーターで左右の高さが一致するのを見てK_1を閉じるのでは遅い．

4）その後の圧力変化を少なくとも5秒ごとに測定し，同じ値が5個ほど続くまで測定する．この測定は急激な圧力変化を読み取らねばならないので，マノメーターの片側だけを読み取り，1）の状態での平衡点の読みとの差から$h(t)$を求める（片側だけの読みであるから$h(t)$は差を2倍すればよい）．そして，平衡状態に達したときの$h(t)$をh_3とする．

以上の操作の手順を図示すると次のようになる．

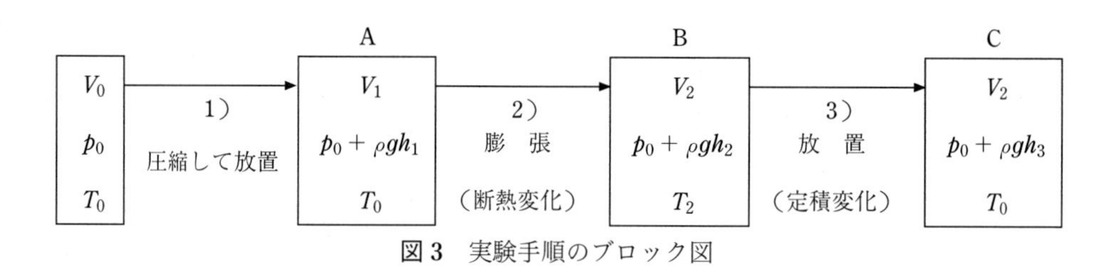

図3　実験手順のブロック図

4）の定積変化過程におけるhの時間変化からh_2を求めるために$\Delta h(t)=h_3-h(t)$を計算し，Δhと経過時間tのグラフを描く．図4(b)の片対数グラフで$t=0$まで直線（実測値）を延ばし，軸との交点を読み取りΔh_0とする．Δh_0はh_3-h_2であるから，h_2は次式で与えられる．

$$h_2=h_3-\Delta h_0 \tag{5}$$

5）式(4)より，空気の比熱の比γを求める．

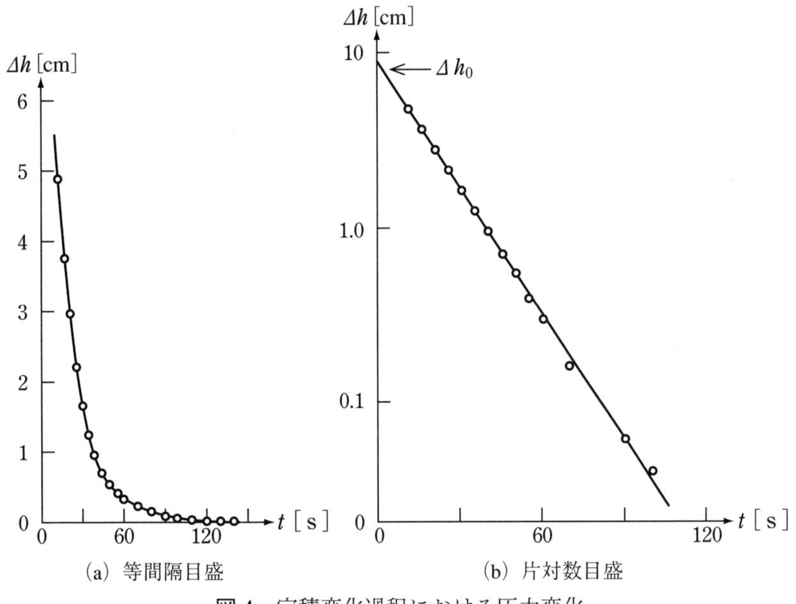

図 4　定積変化過程における圧力変化

注　意：

1）はじめにデータをとらないで一通り実験を行い，その後，体制を整えデータをとること．

2）p.9 の「グラフについての注意」，p.10 の「対数方眼紙の使い方」を参照のこと．

参　考：各種気体の γ の値を表 1 に示す．

表 1　各種気体の γ の値

ヘリウム	1.63	水素	1.408	水蒸気（100 ℃）	1.305
アルゴン	1.667	窒素	1.41	アルコール	1.134
空気	1.402	炭酸ガス	1.300	エーテル	1.112

実験 31　屈折率の測定

概　要：

屈　折　率

光を通す物質を光の媒質という．光が進んでいくときに途中の媒質が変化すると，その境界面で反射や屈折をする．

媒質 1，2 の中で光の速度をそれぞれ v_1，v_2 とすると図 1 での入射角 i と屈折角 r との関係は，

$$\frac{\sin i}{\sin r} = \frac{v_1}{v_2} = n \qquad (1)$$

で与えられる．この関係をスネルの法則と呼び，n が屈折率である．なお，真空中から，媒質 2 に光が進むときの屈折率を媒質 2 の絶対屈折率と呼ぶ．すなわち，媒質 2 の絶対屈折率 n_2 は $n_2 = \frac{c}{v_2}$ で与えられる（ただし，$c = 2.998 \times 10^8$ m/s：真空中の光速）．真空中と空気中では光の速度はほぼ等しいので（参考：空気の絶対屈折率 = 1.0003），空気中の実験で媒質の絶対屈折率はほぼ正確に求められる．

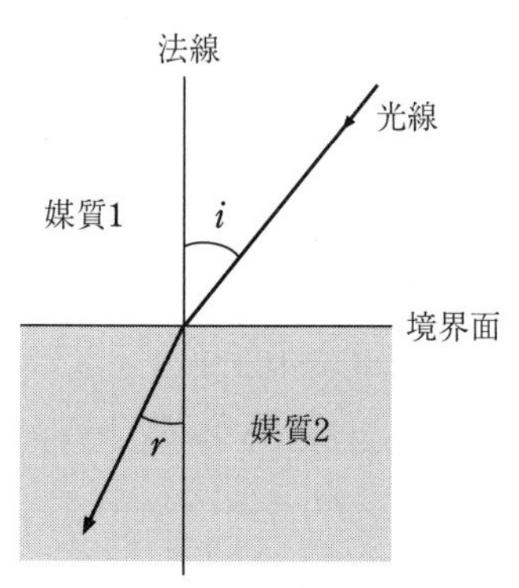

図 1　入射角 i と屈折角 r

目　的：

ガラスと水の屈折率を測定する．ビデオ装置の取り扱い方と顕微鏡の操作を修得する．

原　理：

A．光路図による屈折率の測定（図式法）

固体の屈折率を測定する最も簡便な方法は，光線の光路を用紙に描きとめる図式法である．このとき式 (1) での屈折率 n は，角 i, r を測らなくとも入射点を中心とする半径 L の円を設定すると，光線との交点から法線におろした垂線の足の長さの比で与えられる．

$$n = \frac{\sin i}{\sin r} = \frac{q/\mathrm{L}}{p/\mathrm{L}} = \frac{q}{p} \qquad (2)$$

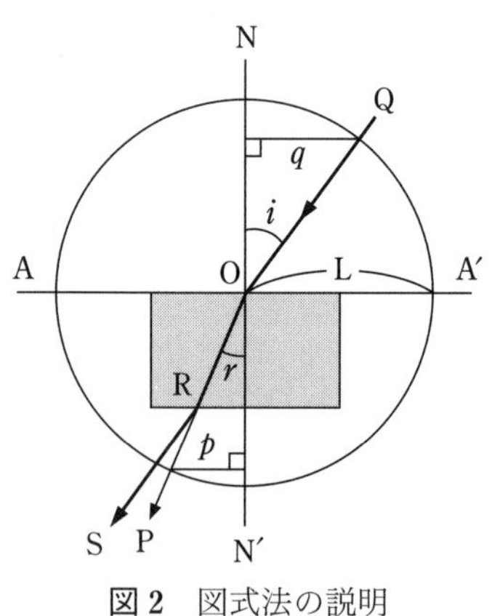

図 2　図式法の説明

B.　読取顕微鏡を使用した屈折率の測定（顕微鏡法）

より精度のよい測定法として，z_0, z_a, z_bの3点を顕微鏡で測定することによって屈折率nを求める方法がある．図3のように空気に対する相対屈折率nの物質中の一点Aから発する光はAPQ, AOC, AP′Q′のような経路を通って空気中に出るが，いまこれらが顕微鏡の視野に入る近軸光線と考えるならPに立てた法線PNとPQおよびPAのなす角をそれぞれi, rとして，

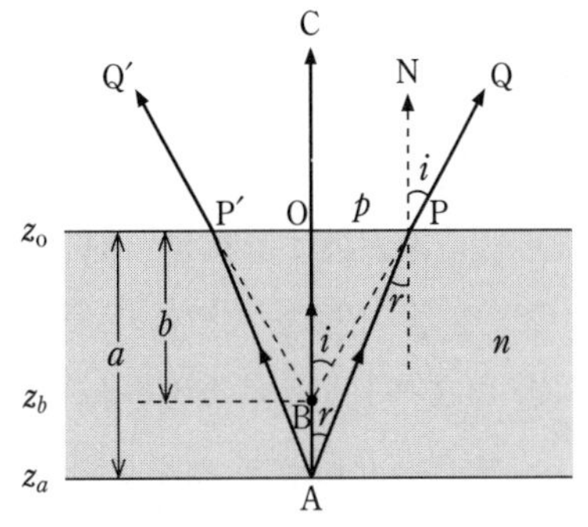

図3　顕微鏡法の説明

$$n=\frac{\sin i}{\sin r}\fallingdotseq\frac{\tan i}{\tan r}=\frac{\frac{p}{b}}{\frac{p}{a}}=\frac{a}{b}=\frac{z_0-z_a}{z_0-z_b} \tag{3}$$

ここで$p=\mathrm{OP}, a=\mathrm{OA}, b=\mathrm{OB}$を表す．点Bは物質を通して見た点Aの像である．すなわち物質層の厚さaと，Oから像Bまでの距離bとを測定することにより，物質の屈折率nの値を測定することができる．

実験方法：

1．光路図によるガラスの屈折率の測定

1）グラフ用紙に図2のように直交線と大きな円を描く．ガラスの一端を横軸AA′に接するように置く．次に，任意の直線OQを描き，円の中心Oを入射点とする入射光線とする．そしてOQ上に2本の針を立てる．

2）直線OQ上に立てた2本の針が，ガラスを通して重なって見える位置に針を2本立てる．このようにして，ガラスを通過した後の光路RSを決定し，直線RSを描く．

3）第3, 4象限全面がガラスであると想定して，ORを伸ばして屈折光線OPを描く．入射光線および屈折光線と円との交点よりqおよびpを測る．屈折率nを式(2)より算出する．

4）入射角iを変えて測定を10回繰り返す．入射光OQを第1, 2象限にわたって5本ずつ測定前に描いておくとよい．

5）レポートでは平均二乗誤差によりnを評価せよ（p.20〜p.23参照）．

2．読取顕微鏡によるガラスの屈折率の測定

1）まず読取顕微鏡（遊動顕微鏡ともいう）の水平台の面Aに焦点を合わせたときの垂直軸上の読みをz_aとする．同じ位置でピントを合わせ直してz_aを5回測定し，平均値を求める．次にガラス試料を置き，像Bに焦点を合わせ，その読みをz_bとする．そしてガラスの上面に焦点を合わせ，その読みをz_0とする．z_a, z_b, z_0よりnを計算する．

2）さらに，ガラスの位置を変えて，同様にz_b, z_0を測定し，nを計算する．これを5回繰り

返す．

3）レポートでは平均二乗誤差により n を評価せよ（p.20〜p.23 参照）．

3．読取顕微鏡による水の屈折率の測定

1）容器の位置を決める．以後測定がすべて済むまで容器を動かさないように注意する．容器の底の上面に焦点を合わせ，その読みを z_a とする．（p.95 補足 B.参照）同じ位置でピントを合わせ直して z_a を 5 回測定し，平均値を求める．水を $b(=z_0-z_b)$ が有効数字 4 桁とれる深さまで十分に入れ，z_b, z_0 を測定し n を計算する．さらに水を少しずつ加え z_b, z_0 を測定し n を計算する．これを 5 回繰り返す．

2）1）で得られたデータを用い，横軸に b，縦軸に a をとってグラフを描き，勾配より n を求めよ．

3）レポートでは平均二乗誤差により n を評価せよ（p.20〜p.23 参照）．

注意事項：

1）焦点を合わせるときは鏡筒を下げておき，上方に動かし焦点を合わせる．ガラス，プラスチックなどの透明物質の表面には，肉眼では見えない小さな傷が付いているので，そこに焦点を合わせればよい．

水面のときは水面に浮いた小さなゴミに合わせればよい．アルミの粉を極少量浮かせてもよい．

2）焦点の合わせ方は，鏡筒を下から上に動かし焦点が合ったところで止める．行き過ぎたら少し戻し，また下から上に動かし焦点が合ったところで止める．

3）読取顕微鏡は，主尺の最小単位 0.5 mm を 1/50 の精度で測定できる副尺（バーニヤ）がついているから，1/100 mm まで読み取れる．主尺の 0.5 mm を読み落とさないように注意すること（p.29〜p.31 参照）．

注　意：読取顕微鏡の 3 本の足の下には，常時，円盤状の金属を敷いた状態にしておくこと．取り外してはいけない（図 4 参照）．

この実験で使用する読取顕微鏡では，目で接眼レンズを覗く代わりに，ビデオカメラを通じてディスプレイで観察できるようになっている．

このビデオ装置の使用法を示す．

①ディスプレイの主電源スイッチを押す．

②画面にビデオの文字が出るのを待つ．しばらくして出なければ入力切り替えを押す．

③ビデオカメラの電源を ON にする．

④終了時にはビデオカメラの電源を切り，その後，ディスプレイの電源を切る．

⑤電源スイッチ，入力切り替えスイッチ以外は触らないこと．

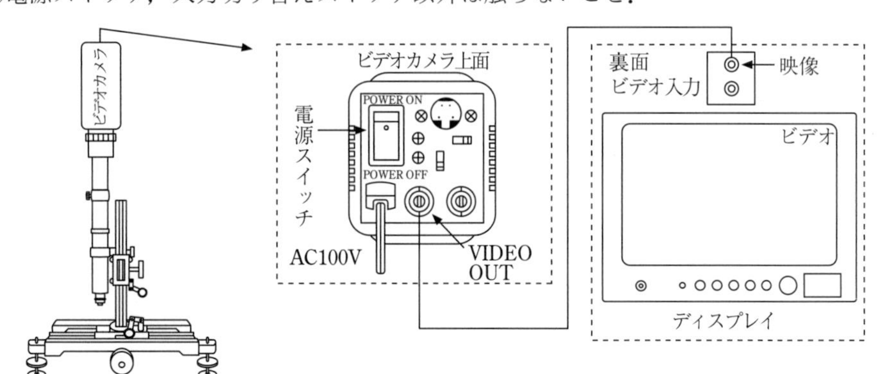

図4　顕微鏡ビデオ装置例

補　足：

A．光路図による屈折率の測定

図2で光の進み方を見よう．QからOの間には空気中を進む．Oからガラスに入り屈折しORを進む．Rからは再び空気となるからここでさらに屈折する．ORPをOSと間違える事が多い．基礎実験Aで行ったことを思い出すこと．

B．読取顕微鏡を使用した屈折率の測定

ガラスは，図3でz_aからz_0までの領域を占める．ガラス下面の位置（高さ）であるz_aは直接測定できないので，ガラスを置く前の水平台の面の位置の読みをz_aとする．続いて，水平台の上にガラスを置くことにより台の面が浮き上がって見える．その位置がz_bである．ガラスの上面の位置z_0は，表面のキズなどにピントを合わせて読み取ることができる．z_a，z_b，z_0の値が得られれば，式(3)を用いて，nを計算できる．必ず，測定と計算の前にz_a，z_b，z_0，nの表を作っておくこと．

水も同様にz_aからz_0までの領域を占める．z_aは直接測定できないので，プラスチック容器に水を入れる前の容器の底面の位置をz_aとする．いったん水を容器に入れてしまうと，あとでz_aは測定できなくなる．水を入れる前に，ピントを合わせ直し少なくとも数回，z_aを測定して平均値を出しておく．その際，容器の底面で（図5の○のように）ピントを合わせる．ただし，×で示すように，容器中央のくぼみや水平台の面の位置は測定しないこと．

参　考：様々な物質の屈折率を表1に示す．実験31で使用する板ガラスの屈折率を表1に併せて示す．

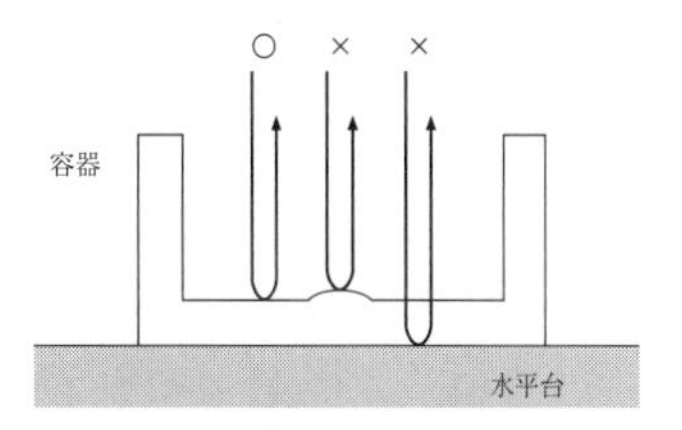

図5　容器の測定位置

表1　様々な物質の屈折率

ダイヤモンド	2.4195
光学ガラス	1.47～1.9
板ガラス	1.521
パラフィン	1.48
エチルアルコール	1.3618
水	1.3330
酸素	1.000272

実験 32　ニュートンリングの干渉実験

概　要：

光の干渉とニュートンリング

ガラスの上に平凸レンズ（片面が平面，もう1つの面が凸）を載せ，その上から光を当て，上から観察すると，平凸レンズの中に入りレンズの下面で反射した光（A），さらに進んで下のガラスの上面で反射した光（B），この2つの光を同時に見ることになる．光は波であるから2つの波の山と山が重なれば強め合い，山と谷が重なれば打ち消し合う．これを干渉という（p.47参照）．目で観察すれば明るくなったり暗くなったりするということである．レンズの中心はガラスが接しているから，反射せず下に通過してしまうため反射して帰ってくる光はなく暗く見える．この2つの光は中心より離れるに従ってガラスで反射して帰ってくる光の方が道筋が長くなる．この光を同時に見るから，中心より離れるに従って，強め合う条件の所，打ち消し合う所と交互にできることになる．レンズとガラスの接しているところから同じ距離のところが明るくなったり暗くなったりするので光のリングが見えることになる．

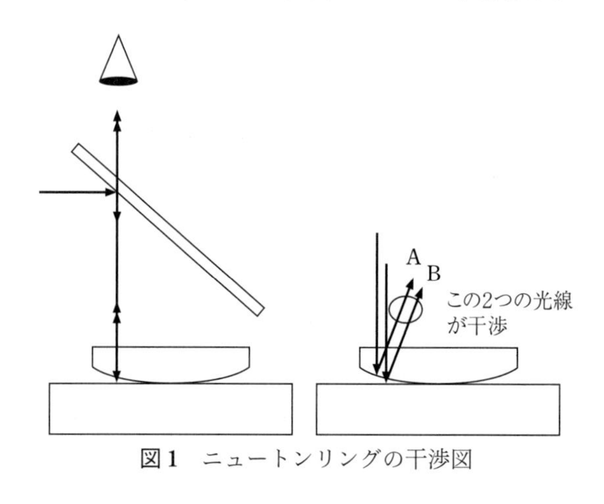

図1　ニュートンリングの干渉図

目　的：光の干渉縞によるレンズの曲率半径を測定する．ビデオ装置の取り扱い方を修得する．

原　理：平面ガラス板の上に平凸レンズを置いて上方から単色光（たとえばNaランプの黄色光，D線，波長λ）を当てる．

このとき，ガラス板の上面およびレンズの下面で反射する2つの光線は互いに干渉し，レンズとガラス板の接触部分に明暗の同心円の縞が見られる．

これらの縞の位置の観測から，たとえば入射光線の波長がわかっているときはレンズの面の曲率半径がわかる．

図のように接触点からxの距離に入射する光線について考えると，両光線の進む距離の差（光路差）はレンズとガラス板との間隔dの2倍である．ただし，レンズの下面での反射は光学的に密から疎に進むときの反射であるのに対し，ガラス板

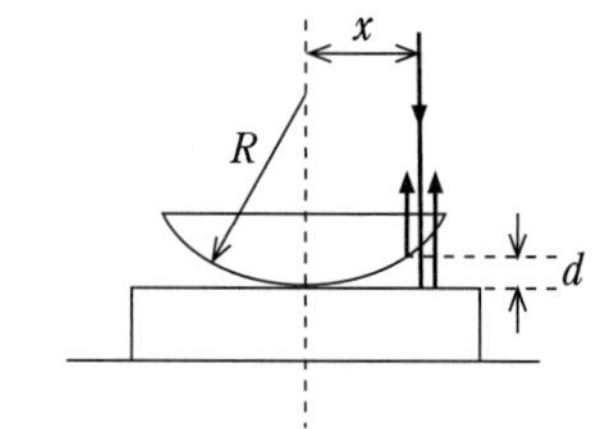

図2　平面ガラス板上に平凸レンズを置いたときの干渉

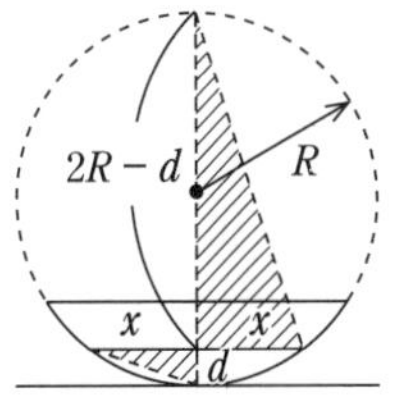

32−2

上面での反射は疎から密に進むときの反射であるから，その反射波の波の位相の変わり方が両者で π だけ異なる．したがって，光路差が入射単色光の波長 λ の整数倍になるとき両光線は打ち消し合って暗くなる．

$$2d = k\lambda \qquad k = 0, 1, 2, \cdots$$

図3　曲率と干渉リングの関係

のとき暗くなる．レンズ断面を考えると

$$x^2 = (2R - d)d \fallingdotseq 2Rd$$

であるから

$$2d = \frac{x^2}{R} \tag{1}$$

となる．したがって，

$$\frac{x^2}{R} = k\lambda \qquad k = 0, 1, 2, \cdots \tag{2}$$

が成り立つとき暗くなる．

いま，中央から第 n 次の暗環の半径が x_n，第 m 次の暗環の半径が x_mとすると

$$\frac{{x_n}^2}{R} = n\lambda \qquad \frac{{x_m}^2}{R} = m\lambda$$

この 2 式より

$$\frac{{x_n}^2 - {x_m}^2}{R} = (n - m)\lambda$$

$$\therefore \quad R = \frac{{x_n}^2 - {x_m}^2}{(n - m)\lambda} \tag{3}$$

単色光の波長 λ を知ればレンズの曲率半径 R を x_n, x_m および $(n - m)$ の測定より求めることができる．

また，図のようにガラス板が平面でなく曲率半径 R_0 なる曲面である場合には，次のようにして求められる（ただし $R < R_0$ とする）．

座標軸を図 4 のようにとれば，両球面の断面図の円の方程式は，

$$x^2 + (y_0 - R_0)^2 = {R_0}^2 \tag{4}$$

$$x^2 + (y - R)^2 = R^2 \tag{5}$$

と書ける．

接触点よりわずかに x だけ離れた点に入射する光線を考えると，両面間の距離は式 (4)，(5) の同一 x に対する y 座標の差であるから，(4) より

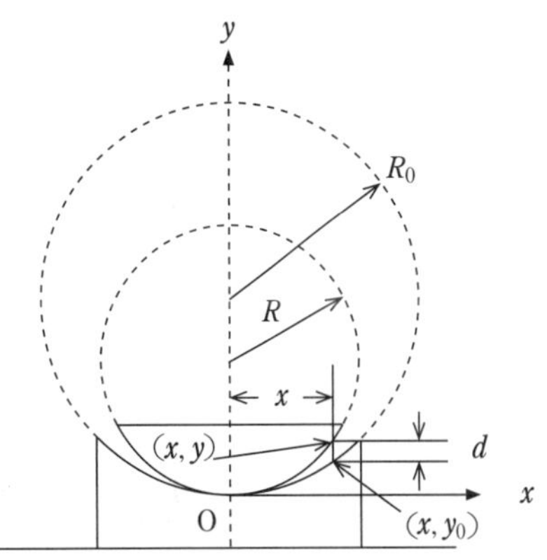

図4　凹レンズ上に凸レンズを置いたときの干渉

$$y_0 = R_0 - \sqrt{R_0{}^2 - x^2} = R_0 - R_0\left\{1 - \left(\frac{x}{R_0}\right)^2\right\}^{\frac{1}{2}} = R_0 - R_0\left\{1 - \frac{1}{2}\left(\frac{x}{R_0}\right)^2\right\} = \frac{x^2}{2R_0}$$

と計算できる．同様に (5) より

$$y \fallingdotseq \frac{x^2}{2R}$$

となる．これより，両面間の距離 d は

$$d = y - y_0 = \frac{x^2}{2R} - \frac{x^2}{2R_0} = \frac{x^2}{2}\left(\frac{1}{R} - \frac{1}{R_0}\right)$$

である．暗環のできる位置は

$$2d = x^2\left(\frac{1}{R} - \frac{1}{R_0}\right) = k\lambda \qquad k = 0, 1, 2\cdots$$

を満足する位置である．前と同様に中央より第 n 次の暗環の半径を x_n，第 m 次の暗環の半径を x_m とすると

$$x_n{}^2\left(\frac{1}{R} - \frac{1}{R_0}\right) = n\lambda$$

$$x_m{}^2\left(\frac{1}{R} - \frac{1}{R_0}\right) = m\lambda$$

となるので，この 2 式より

$$\frac{1}{R_0} = \frac{1}{R} - \frac{m-n}{x_m{}^2 - x_n{}^2}\lambda \tag{6}$$

となる．これより $x_m, x_n, (m-n)$ の測定より，R が知られていると R_0 を求めることができる．

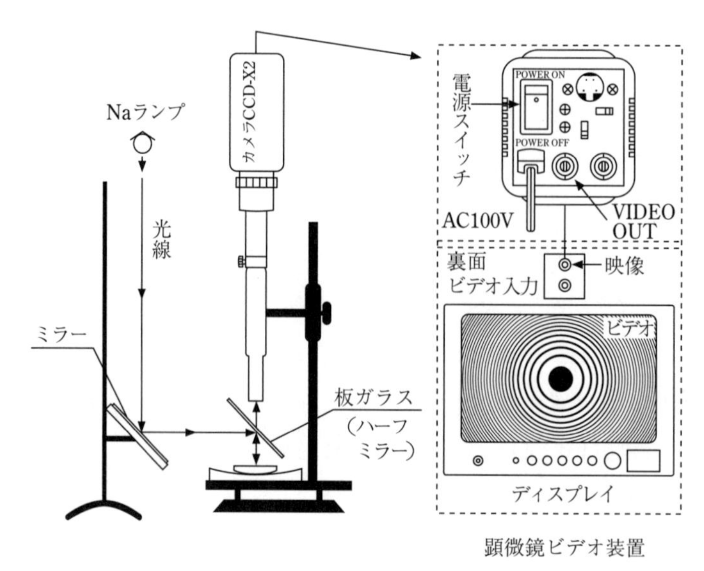

図 5　ニュートンリング装置および光路図

実験方法：

1）ナトリウムランプのスイッチを入れる．点灯直後は赤い光だが，しばらくすると橙色の光が出る．この橙色光が Na の D 線で，波長は $\lambda_D = 589.3$ nm である．

2）黒い紙を敷いて，その上に平面ガラス（ガラスブロック）を置く．そして，図 5 のように Na ランプからの光がミラー，ハーフミラー（透明ガラス）を通して平面ガラスに届くようにする．

3）平面ガラスと平凸レンズの接触面にピントを合わせる．ガラスの表面は見にくいので，グラフ用紙の切れ端などを接触面に置きピントを合わせる．そして，紙の切れ端を取り除く．

4）ピントを変えないで，レンズの位置を調整すれば図 5 のようなニュートンリングが見える．リングの中心を外れると，細かい縞だけしか見えないので，位置を微調整すること．

5）読取顕微鏡で −10 次のリングから +10 次のリングのそれぞれの暗線の中央にモニターの線を合わせ，そのときの顕微鏡の位置を 1/100 mm まで測定する（読取顕微鏡の読み方は p.29〜p.31 参照）．＋（プラス）の次数と −（マイナス）の次数の測定値を用い，各次数の直径（$2x_k$）を計算で求め，さらに x_k, x_k^2 を求め，次数 k と x_k^2 のグラフを描く．式（3）の $\dfrac{x_n^2 - x_m^2}{n-m}$ はグラフより求めることができる．それを用いて，R を求める．

6）　平面ガラスを平凹レンズに替え同様に測定する．そして，同じようにグラフを使って（6）式から R_0 を求める．

この実験で使用する読取顕微鏡は，目で接眼レンズを覗く代わりにビデオカメラを通じてディスプレイで観察できるようになっている．

このビデオ装置の使用法を示す．

①ディスプレイの主電源スイッチを押す．

②画面にビデオの文字が出るのを待つ．しばらくして出なければ入力切り替えを押す．

③ビデオカメラの電源を ON にする．

④終了時にはビデオカメラの電源を切り，その後，ディスプレイの電源を切る．

⑤電源スイッチ，入力切り替えスイッチ以外は触らないこと．

参　考：

1）平面ガラスの下に黒い紙を置くと，ニュートンリングのコントラストがよくなることがある．

2）机上に天井灯（ナトリウムランプ）の像を作り，p.100 の式（1）の a, b を測定すれば焦点距離 f を求めることができる．そして $\dfrac{1}{f} = (n-1)\left(\dfrac{1}{R_1} - \dfrac{1}{R_2}\right)$ の関係より R を求めることができる．n はレンズの材質の屈折率で $n \fallingdotseq 1.5$, 平凸レンズの場合は $R_1 = \infty, R_2 = -R$ である．

実験 33　レンズの焦点距離の測定

目　的：光学台にて薄い凸レンズの焦点距離と実像の倍率を測定する．

原　理：中心部が周辺部より厚いレンズを凸レンズといい，レンズの中心を通る直線 AOB を光軸という．光軸に平行な光線を凸レンズに当てると，光軸上の点 F に集まる．この点を焦点といい，レンズの中心 O から焦点までの距離を焦点距離 f という．焦点 F′ を通過した光線はレンズを通過後，光軸に平行な光線となる．レンズの中心を通った光線はそのまま進む．これらのことを考慮すると，凸レンズによってできる物体 AA_1 の像 BB_1 を作図することができる（図 1）．物体が焦点の外側にある場合，光が実際に集まってできる像を実像という．

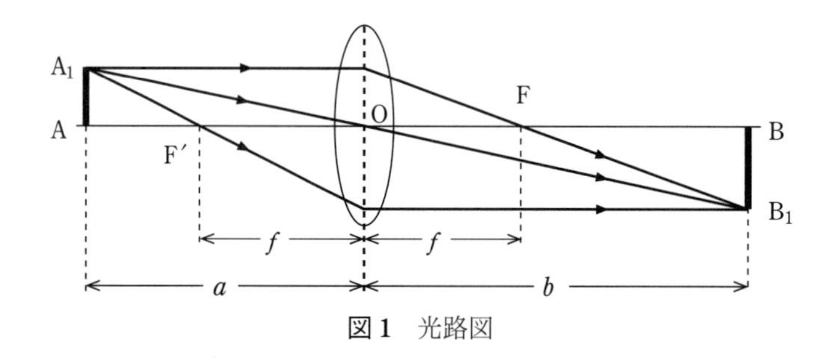

図 1　光路図

物体とレンズの間の距離を a，レンズと実像の間の距離を b，焦点距離を f とすると，光路図を部分的に示した図 2 のそれぞれの三角形の高さの比が等しいので，$\dfrac{b}{a}=\dfrac{b-f}{f}$ となる．

したがって，

$$\frac{1}{a}+\frac{1}{b}=\frac{1}{f} \tag{1}$$

となる．これを薄い凸レンズの結像公式という．

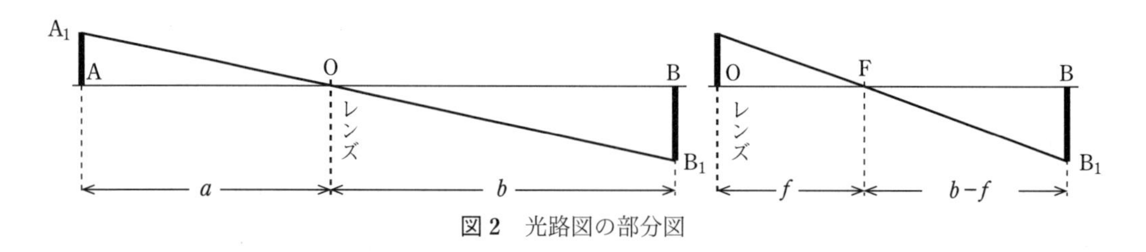

図 2　光路図の部分図

物体と像の比率を倍率 m といい，次式で与えられる．

$$m=\frac{\overline{BB_1}}{\overline{AA_1}} \tag{2}$$

また，$\dfrac{\overline{BB_1}}{\overline{AA_1}} = \dfrac{b}{a}$（$\varDelta AA_1O \backsim \varDelta BB_1O$ の関係により得られる式）より，m と b の関係として

$$m = \frac{b}{f} - 1 \qquad (3)$$

が得られる．この式より，$b=0$ のとき $m=-1$ となる．一方，$m=0$ のとき $b=f$ となることがわかる．

実験方法

1）a, b の長さを精密に測定するために光学台を用いる．2 枚の凸レンズのうち，1 枚を選んで，他の器具とともに光学台上に配置する（図 3）.

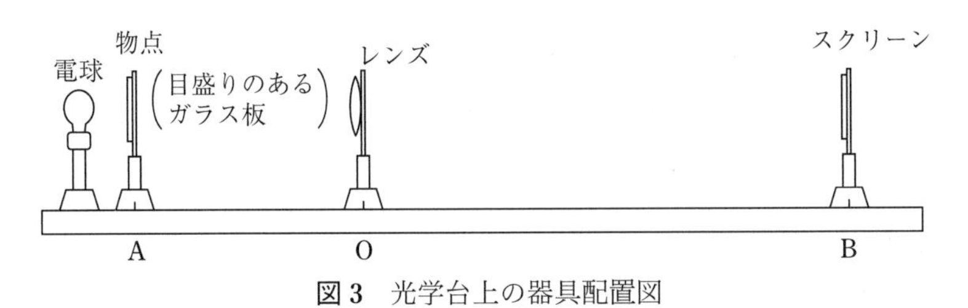

図 3　光学台上の器具配置図

A は目盛りのついたガラスがはめられてあり，これを物点とする．O に薄い凸レンズがある．B は目盛りのあるグラフ用紙で，これをスクリーンとしてこの上に A の目盛りを結像させて，像の位置を決めるのに用いる．電球は物点の目盛りを照明するためのものである．

2）まず，物点 A と凸レンズ O の位置を任意に設定し，B の位置を左右に移動させて，できるだけ鮮明な実像をスクリーンの上に生じさせる．

3）a, b の値は以下のように物点，レンズの中心，スクリーンの位置から求める．

ガラス板の端面と支持台の指標との間隔 d_A，レンズの中心と支持台の指標との間隔 d_O，スクリーンの端面と支持台の指標との間隔 d_B を測定する（図 4 を参考にせよ）.

物点の支持台の指標の位置 ℓ_A，レンズの支持台の指標の位置 ℓ_O，スクリーンの支持台の指標の位置 ℓ_B を測定する．

物点の位置 x_A，レンズの中心の位置 x_O，スクリーンの位置 x_B はそれぞれ次式で与えられる．

$$\begin{cases} x_A = \ell_A - d_A \\ x_O = \ell_O - d_O \\ x_B = \ell_B - d_B \end{cases} \qquad (4)$$

したがって，a, b は次式で求められる．

$$\begin{cases} a = x_O - x_A \\ b = x_B - x_O \end{cases} \qquad (5)$$

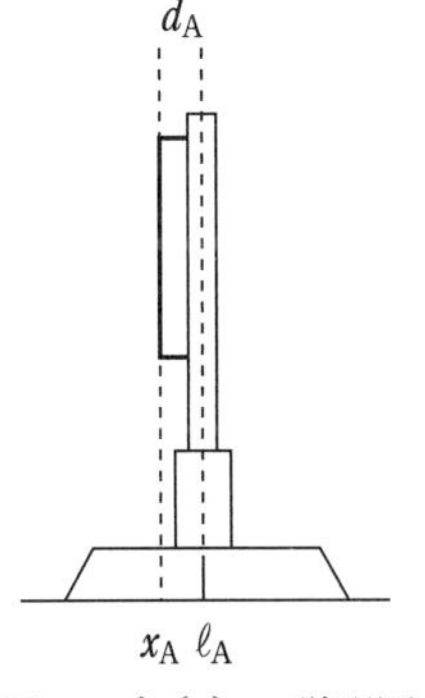

図 4　式（4）の説明図

4) 3) で得られた a, b の値を式 (1) に代入して f を求める．

5) 物点 A (目盛り $\overline{\mathrm{AA_1}}$) の像の大きさをスクリーン B の目盛りで $\overline{\mathrm{BB_1}}$ と測定する．両者の読み，すなわち，生 (ナマ) のデータを記録する．式 (2) より，倍率 m を求める．さらに，3) の結果を用いて算出できる $\dfrac{b}{a}$ と m を比較する．

6) 倍率 m が 0.5〜4.0 の範囲で測定を繰り返す．

7) 横軸に b，縦軸に m をとって，グラフに描く．グラフを使って f を求める．

8) 別のもう 1 枚のレンズに取り替えて，測定を繰り返す．

補　足：実験は透明ガラスにある目盛り (物点) をレンズを使ってスクリーンに映す．電球は物点を照明するためにあり，電球の像を映し出してはいけない．倍率は物点の何 cm が拡大 (縮小) され何 cm の大きさの像になったかの比率である．

参　考：

1) 机上に天井灯の像を作り a, b を求め，およその焦点距離を得ることができる．この値と f と比較してみよ．

2) レンズの曲率が変化すれば焦点距離は変わる．では，レンズの前後の媒質が変わったとすればどうなるのか．水中カメラのピント合わせは大気中と同じではない．

3) ルーペや顕微鏡の拡大率のことをよく倍率というが，これは正しい表現ではない．光学系が結ぶ像の倍率とは，像の長さと物体の長さとの比であって，人の目には関係のない物理的な量である．一方，拡大率は光学系と目をセットにしたときの性能を表す量である．ルーペ (凸レンズ) の拡大率も一定不変ではなく，同じルーペでも，物体とルーペそして目との間隔を変えることによって連続的に変化する．

ルーペやそのカタログに標記されるのは次式によって与えられる基準拡大率である．

$$\text{基準拡大率} = \frac{250\,[\mathrm{mm}]\,(\text{明視の距離という})}{\text{ルーペの焦点距離}\,[\mathrm{mm}]} \tag{6}$$

実験 34　検糖計による偏光実験

目　的：検糖偏光計を用いて，蔗(しょ)糖の旋光能を測定する．

原　理：光（電磁波）は，直交した電場（電界）と磁場（磁界）の横波である．しかし，自然光（電灯も含めて）は，波の連続性がたかだか距離にして数 m，時間にして約 10^{-8} sec 平均しか続かない．このことは，フォトンと呼ばれる波のつぶつぶあるいは短いつながり（波列）が次々と無数にやってきていると考えるべきなのである．このとき，個々の波列の電場（磁場を考えても同様である）の振動面はまちまちである．したがって，自然光の振動面は等方に分布しているのだが，ある媒質の透過光や反射光などでは選択的に同じ振動面だけの光になる．この光を偏光といい，このときの振動面が偏光面である．偏光面が固定されている偏光を直線偏光といい，媒質中を進むとき偏光面が回転してゆく現象を旋光（せんこう）という．

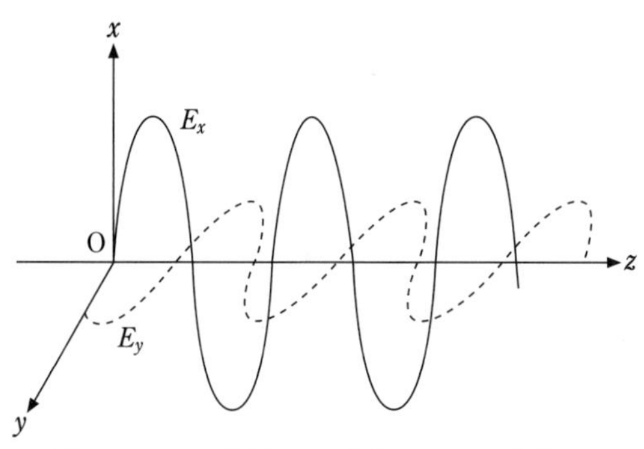

図1　偏光の電界の x 成分 E_x と y 成分 E_y

z 方向に進む電磁波（光）の，振動する電界 $\boldsymbol{E}$ を x と y 成分に分解して，次のように表す．

$$E_x = E_{0x}\cos\left(\omega t - \frac{2\pi z}{\lambda}\right)$$

$$E_y = E_{0y}\cos\left(\omega t - \frac{2\pi z}{\lambda} + \delta\right) \tag{1}$$

ここで，δ は x 成分と y 成分の位相差である．

いま，$\boldsymbol{E}$ の $z = 0$ 平面上への正射影 $\boldsymbol{E}_0$ を考えるなら

$$\boldsymbol{E}_0 = E_x\boldsymbol{i} + E_y\boldsymbol{j} = E_{0x}\cos(\omega t)\boldsymbol{i} + E_{0y}\cos(\omega t + \delta)\boldsymbol{j} \tag{2}$$

となり，$\boldsymbol{E}_0$ ベクトルの矢頭の時間変化を描くと，その軌跡は図2に示されるように δ の値により変化する．

$\delta = 0, \pm\pi$ のときは直線偏光である．その他のときは楕円偏光となり，特に振幅 $E_x = E_y$ で $\delta = \pm\pi/2$ のときは円偏光となる．E の回転方向により右まわり左まわりと区別する．

円偏光が2つの直線偏光に分解できたように直線偏光は2つの円偏光に分解できる．

このような光が媒質中を進むとき，媒質の構造により右まわりと左まわりで進む速度に遅速があると，これらを合成した直線偏光の偏光面の回転が起こる．このことを旋光性または光学的活性という．回転方向により右旋性，左旋性と区別を付ける．水晶などは螺旋構造をもっているの

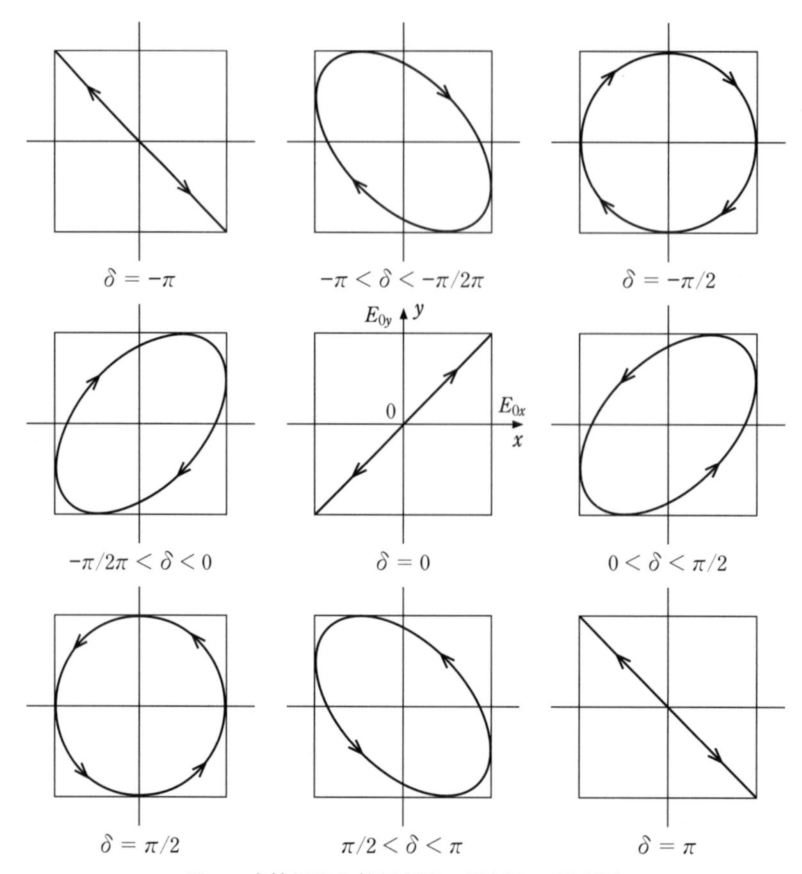

図 2　直線偏光と楕円偏光，円偏光の説明図
z 方向に進む偏光の電界の大きさを，$z = 0$ の xy 平面に正射影したもので，
δ は電界の x 成分と y 成分の位相差である．

で旋光性を有する．また，図 3 のような立体構造をもつ分子，通常の場合，中心は炭素なので不斉炭素（asymmetric carbon）と称するが，この場合も旋光性が生ずる．図のように鏡像の関係にある構造が考えられ，一方が右旋性なら他方は左旋性を示す．

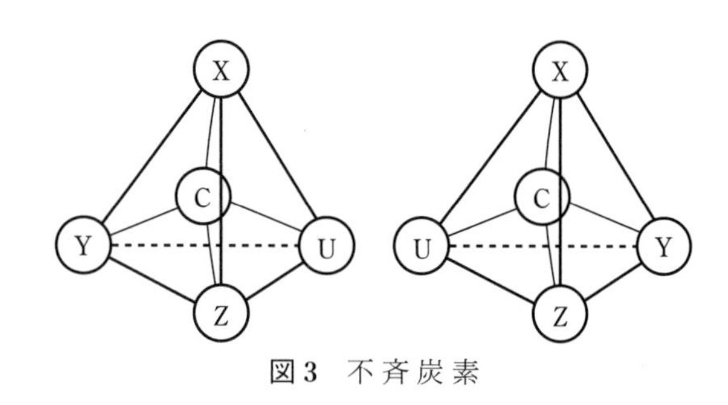

図 3　不 斉 炭 素

液体中に不斉炭素（蔗糖など）を溶かし，直線偏光を通したときの回転角 θ［度］は，溶液 100 cm^3 中の旋光物質が p［g］，光の通る長さを ℓ［cm］として

$$\theta = \alpha \frac{p}{100} \frac{\ell}{10} \tag{3}$$

と書ける．α は旋光能と呼ばれ，溶質に固有の定数であり，温度，光の波長にも関係する．

さて，旋光能の測定方法を考えてみよう．図 4 のような光路を考える．偏光板 P に偏っていない光（自然光）を通すと，ある方向に振動した光のみ通過でき，通過後は直線偏光となる．したがって，2枚の偏光板を重ねて光を通し，一方の偏光板を回転すると，偏光方向が一致すれば明るくなり，偏光方向が直交するときは光が通過せず暗くなる．偏光方向が直交した状態の2枚の偏光板の間に蔗糖溶液を入れた観測管Kを置けば，旋光され少し光が通り明るくなる．偏光板を回転させ，元のように暗くしたときの角度が旋光角として求められる．さらに，偏光板Pとわずかに角度を変えた偏光板を視野の半分だけ入れる．これを半影板（H）という．覗きながら手前の目盛り板に固定された偏光板Dを回転すると，視野は半分が暗くなり，左右同じ明るさになり，その後他方が暗くなる．同じ明るさのとき，わずかに角度を変えると一方は暗くなり一方は明るくなる．したがって，わずかの角度変化を測定することができる．

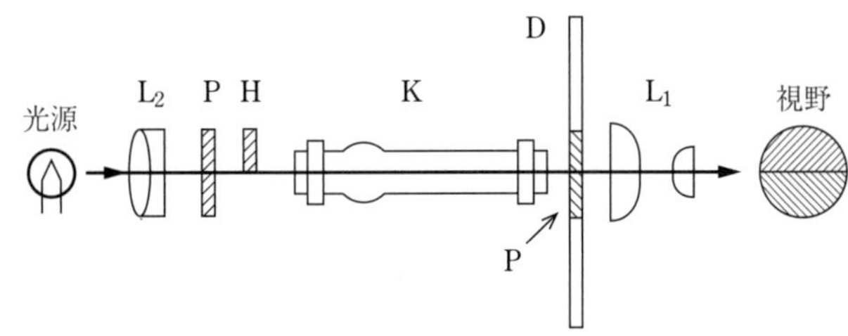

図4　偏光計の原理図

実際の視野は図のように上下ではなく左右になっている．

実験方法：

1）よく洗浄した観測管Kに溶媒（水道水）だけを入れ，内部の気泡をKのふくれた部分に集め，よく外部を拭いてから，装置の中央に入れる．計器を汚したときはすぐに拭き取ること．このとき，観測管のふたをきつく締めすぎないようにすること．

2）光源を付け，接眼レンズの外側を前後し，半影板の境界がはっきり見えるように調整する．そして目盛り板を回して，左右が同じ明るさになる位置を求め，そのときの読みを1/20度まで測定する．繰り返し測定し平均をとり，この値をゼロポイントとする（測定器の目盛り0度より大きくはずれないので注意すること）．

3）観測管，ビーカー，メスシリンダーをよく洗浄し水気をきっておく（ビーカーに天秤で測定した蔗糖1 gを，次いで水を加え全体でほぼ20 mLの溶液を作り，その体積をメスシリンダーで正確に計る）．この溶液の一部で20 cmの観測管の内部を洗い，いったん捨てた後，残りの溶液を観測管内に入れ外部をきれいに拭く．

4）観測管を装置に入れ，回転角θを読み取る．蔗糖の溶液100 cm^{3}中の蔗糖の質量pを計算し，pとθのデータをグラフ上にプロットする．

5）10 cmの観測管で同じように測定し，グラフにプロットする．

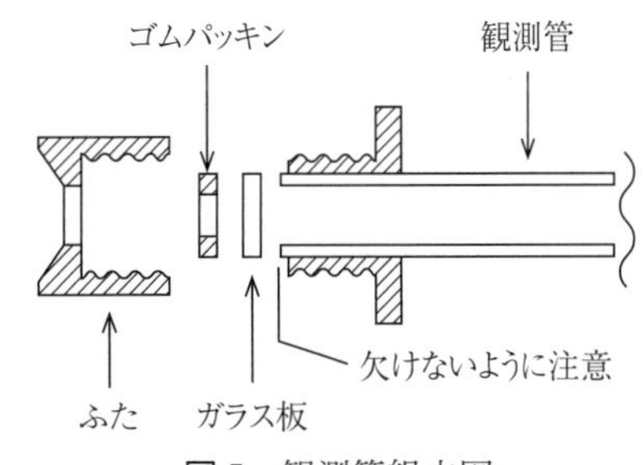

図5　観測管組立図

6) 式(3)より，蔗糖の旋光能 α を求める．

注 意：

1) 毎回，器具をよく洗浄し，順次 2 [g] 20 [mL], 3 [g] 20 [mL], …の溶液を作り，それぞれの p に対する回転角 θ を測定し，すぐにグラフにプロットすること．
2) すべての実験を終了したときは，観測管を洗浄し，蔗糖を洗い落としておくこと．このとき，ガラス板をなくさないように注意すること．また，観測管のガラス端面に傷を付けないように注意すること．

参 考：

1) 蔗糖の水溶液の旋光能

表1 蔗糖の水溶液の旋光能

物 質	条 件	$[\alpha]^{D}_{20}$
果 糖	$C = 10$	−104°(溶解後 6 min)，−90°(溶解後 33 min)
〃	$P = 2\sim31$	$-91.9-0.11P$(平衡に達した後)
蔗 糖	$C = 0\sim65$	$+66.462-0.00870\ C-0.000235\ C^2$

ただし

$$[\alpha]^{D}_{20} = \left(\begin{array}{l}\text{NaD 線が長さ 10 cm，温度 20 °C の}\\\text{溶液中を通ったときの偏光面の回転角度}\end{array}\right) \Big/ \left(\begin{array}{l}\text{溶液 1 cm}^3\text{ の中にある}\\\text{旋光物質のグラム数}\end{array}\right)$$

C：溶液 100 cm^3 中の旋光物質のグラム数

P：溶液 100 g 中の旋光物質のグラム数，(重量%)

溶媒はすべて水である．

2) 光源に向かって，右まわりに施光したとき右施性で，α は正である．
3) 蔗糖が水に溶けると約 1 cm^3/g の体積を占める．

実験 41　糸の共振による振動数の測定（メルデの実験）

目　的：メルデの実験によって弦に横波の定常波を作り，その波長を測定することにより電磁おんさの振動数を測定する．

原　理：弦を伝わる横波の速度を求めるため図1のように，弦の微小部分 ds [m] を考え，それの曲率半径を r [m] とし，ds が曲率の中心 O に張る角を $d\theta$ [rad] とすれば

$$d\theta = \frac{ds}{r} \quad (1)$$

で ds に加わる張力 T [N] の中心 O に向かう法線成分 F は

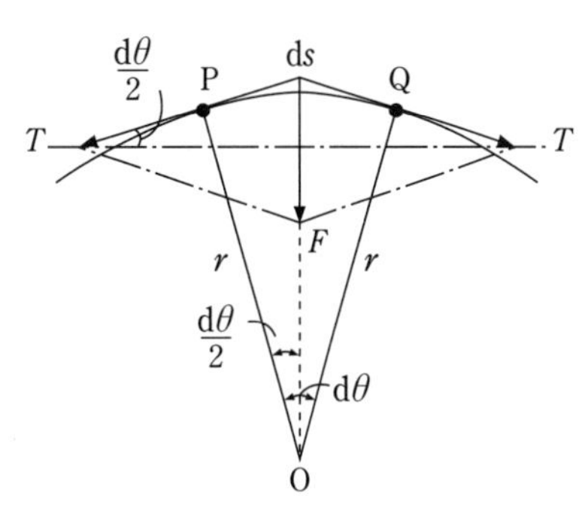

図1　弦の張力と曲形の伝わる遠心力の関係

$$F = 2T\sin\frac{d\theta}{2} \fallingdotseq T\,d\theta = \frac{T\,ds}{r}\ [\mathrm{N}] \quad (2)$$

ところが，この弦の線密度を ρ [kg/m] とすれば ds なる弦の曲形が速さ V [m/s] で伝わる場合の遠心力は $\rho\,ds\dfrac{V^2}{r}$ [N] である．この力が F と釣り合うから

$$\rho\,ds\frac{V^2}{r} = \frac{T\,ds}{r} \qquad \therefore \quad V = \sqrt{\frac{T}{\rho}} \quad (3)$$

すなわち弦を伝わる横波の速さ V [m/s] は，弦の張力 T [N] と，その線密度 ρ [kg/m] との比の平方根により与えられる．

次に図2のように，長さ ℓ [m]，線密度 ρ [kg/m] なる弦に T [N] の張力を加えてこれに横の衝撃を加えれば横波は $V = \sqrt{\dfrac{T}{\rho}}$ の速度で伝わり，両端支点で反射してここに定常波を生ずるが，その基準振動の振動数は

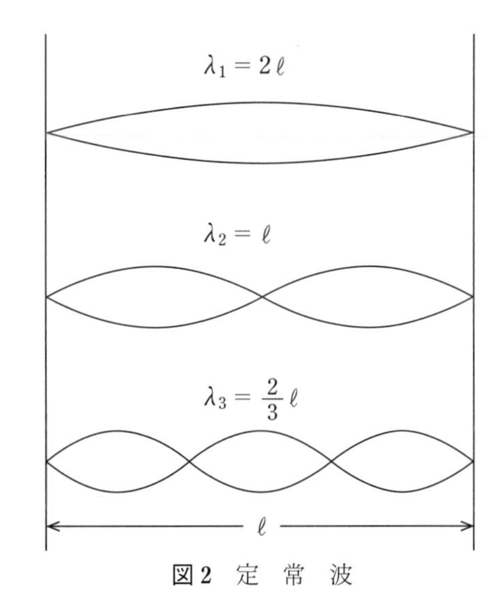

図2　定　常　波

$$f_1 = \frac{V}{\lambda_1} = \frac{1}{2\ell}\sqrt{\frac{T}{\rho}}\ [\mathrm{Hz}] \quad (4)$$

同様にして，その2倍振動の振動数は

$$f_2 = \frac{V}{\lambda_2} = \frac{1}{\ell}\sqrt{\frac{T}{\rho}} = \frac{2}{2\ell}\sqrt{\frac{T}{\rho}} = 2f_1\ [\mathrm{Hz}] \quad (5)$$

$$f_3 = \frac{V}{\lambda_3} = \frac{1}{\frac{2}{3}\ell}\sqrt{\frac{T}{\rho}} = \frac{3}{2\ell}\sqrt{\frac{T}{\rho}} = 3f_1\ [\mathrm{Hz}] \qquad (6)$$

である．

おんさの振動が弦と垂直になる場合（図 3（a））

おんさの振動数 f は弦の振動数 f_a と同じになる．おもりの質量を M とすれば張力が $T = Mg$ となるから

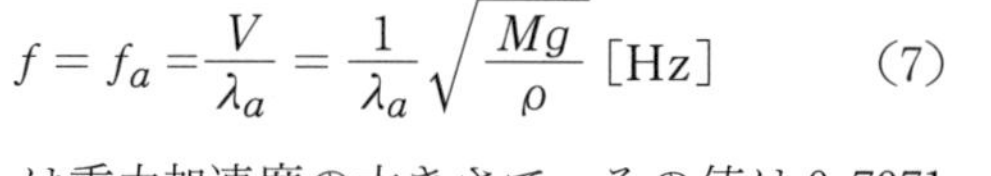

$$f = f_a = \frac{V}{\lambda_a} = \frac{1}{\lambda_a}\sqrt{\frac{Mg}{\rho}}\ [\mathrm{Hz}] \qquad (7)$$

ただし，gは重力加速度の大きさで，その値は 9.7971 m/s^2 である．

(a) おんさの振動が弦と垂直になる場合.

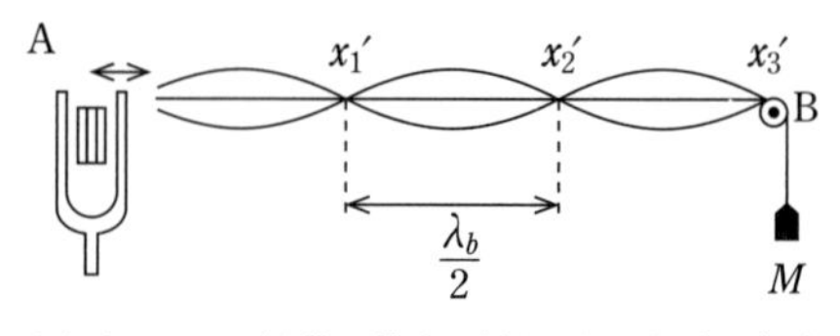

(b) おんさの振動が弦と平行になる場合(参考).

図 3　おんさの位置と定常波

参　考：

おんさの振動が弦と平行になる場合（図 3（b））

おんさの振動数 f と弦の振動数 f_b は $f_b = \frac{1}{2}f$ となるので

$$f = 2f_b = \frac{2}{\lambda_b}\sqrt{\frac{Mg}{\rho}}\ [\mathrm{Hz}] \qquad (8)$$

となる．

電磁おんさの構造と動作

図 4 において，中央の C は電磁石で，端子 FG に直流電源 E（2 V〜4 V）を可変抵抗 R（0Ω〜9.6Ω）を通じて接続すれば電磁おんさの両腕は C に引き寄せられ，その瞬間接点 P は端子 D と離れるため電流は断たれる．電流が断たれると，引き寄せられていた電磁おんさの両腕は元に戻り，接点が閉じ，初めの状態になる．このようにして電磁おんさはその固有振動数 f [Hz] で非減衰振動をする．

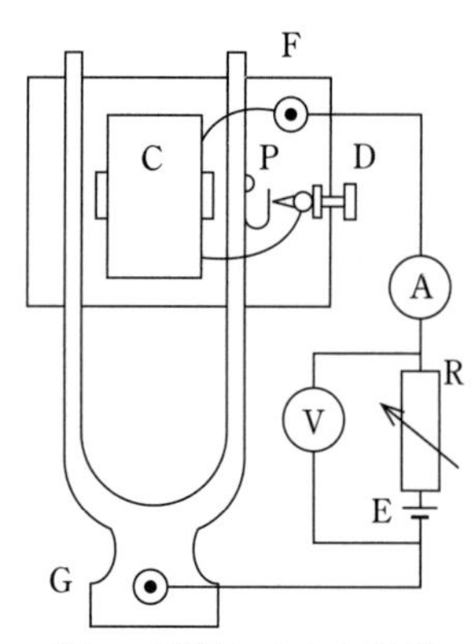

図 4　電磁おんさと結線
注．作動させないときは電源を OFF にする．

実験方法：

1）図 4 のように結線する．

2）糸の長さ L とその質量 m を測定し，糸の線密度 $\rho\left(=\frac{m}{L}\right)$ を求める．

3）糸の一端を電磁おんさにあいている穴に結び付け，他端に滑車を通しておもりを取り付ける．図 3（a）の配置にする．滑車 B の位置を調節して弦を共鳴させる．このとき，弦は定常

波となり，腹，節の位置が決まり，振幅が大きくなる．この節の位置 x_1, x_2，…を読み取る．読み取りには移動指標器を使う．Excel を用いて移動平均法で λ を求める．（p.27 の移動平均法を参考にすること）．

4）式(7)から f_a，f を求める．

5）M を何通りか変えて同様の測定を行う．

6）λ^2 と M の関係のグラフを描き，グラフから f_a を求める．

参　考：実験で用いたおんさの固有振動数は 100Hz である．

補　足：

定　常　波

振幅 A [m]，振動数 f [Hz]，速さ V [m/s] をもつ 2 つの正弦波が，一直線状に反対向きに進む場合を考える．2 つの波がお互いに干渉する結果，合成波が作られる．この場合，合成波はどちらの方向にも進行せずに，振動しない点（節）と振動する点（腹）をもつようになる．これを定常波と呼ぶ．

2 つの波がお互いに干渉し，定常波を作る様子を図 5 に示す．右側からと左側からそれぞれ同じ波が重ね合わされ，定常波が生じる過程を波の 1/8 周期ごとに描いたものである．

定常波を作る例としては，一端を固定した弦を上下に振って，両端を節とする定常波を作る実験がある．弦を伝わる波が弦の両端で反射を繰り返し，干渉しあって定常波が生じるのである．この場合，弦の長さと弦を伝わる波の速さで決まるような特定の振動数のとき，激しく振動する．この振動数のことを固有振動数と呼ぶ．

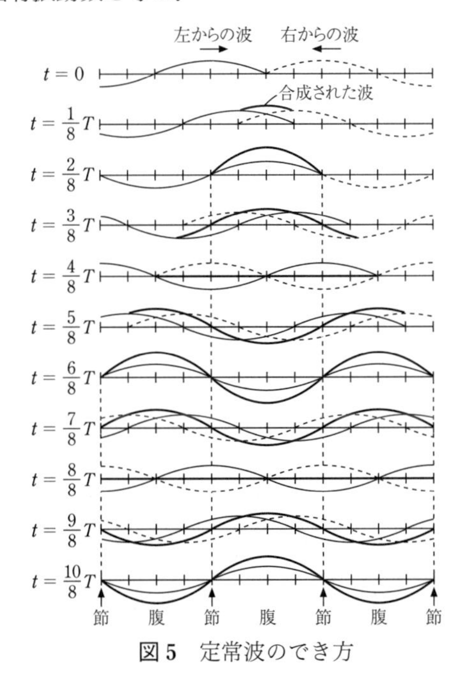

図 5　定常波のでき方

実験 42　気柱の共鳴による弾性率の測定（クントの実験）

概　要：

音波の定常波，金属中の縦波

ガラス管の一端に取りつけられた物体に振動を与えると，その物体の振動によりガラス管の中の気体に音波が生じる．他端の位置を調節して，両端の間の距離が音波の半波長の整数値になると，ガラス管の中に音波の定常波が生成される．ガラス管の中に軽い乾いた粉があると，振動の激しい位置にある粉はこの定常波によって動かされて縞模様を作る．この縞模様の間隔により音波の波長を求めることができる．

振動は金属の棒の表面を布などで擦り，金属中に縦波を励起させることによって得る．金属中の縦波の速度 V_1 は，その金属の密度 ρ と弾性率（Young 率）E を用いて表される．

$$V_1 = \sqrt{\frac{E}{\rho}}$$

この実験では音波の波長などを測定することによって金属の弾性率を求めることができる．

弾性率（Young 率）

金属などの物体を引っ張ったり，圧縮したりすると，その力に応じてその物体は伸縮する．加えられた力の大きさが大きすぎない場合は，その伸縮の割合は加えられた力の大きさに比例し，力を取り除くと元の長さに戻る．このような変形を弾性変形と呼ぶ．また，伸縮の割合は物体の断面積に反比例する．

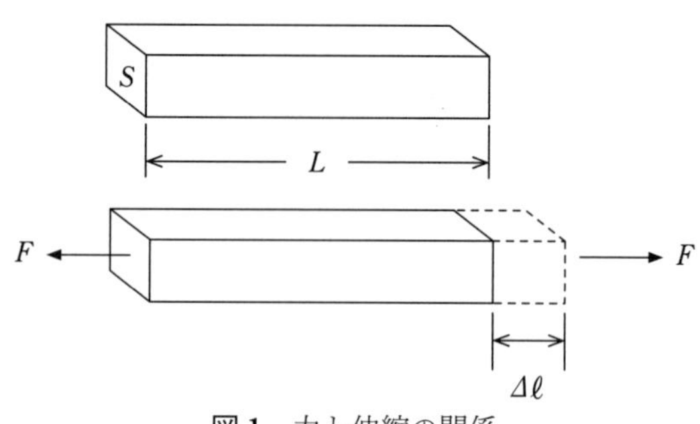

図 1　力と伸縮の関係

すなわち，図のように物体の断面積を S，元の長さを L，加えられた力の大きさを F とすると，伸縮率 $e = \dfrac{\Delta\ell}{L}$ は F に比例し，S に反比例する．

$$e = \frac{F/S}{E} = \frac{\sigma}{E} \tag{1}$$

と表すことができる．左辺 e は物体の伸縮率，右辺の $F/S = \sigma$ は物体に加えられた引っ張り応力であり，その比例係数に対応する E をその物体の弾性率（Young 率）と呼ぶ．E の大きさは，定義式より，力/面積（= 圧力）の単位で与えられる．E の値はそれぞれの物質によって決まっている（p.113 の表 1 参照）．E の値が大きい物質は，伸縮の割合が小さいので，硬い物質に対応する．

目　的：クントの実験によって，金属棒のヤング率を測定する．

原　理：

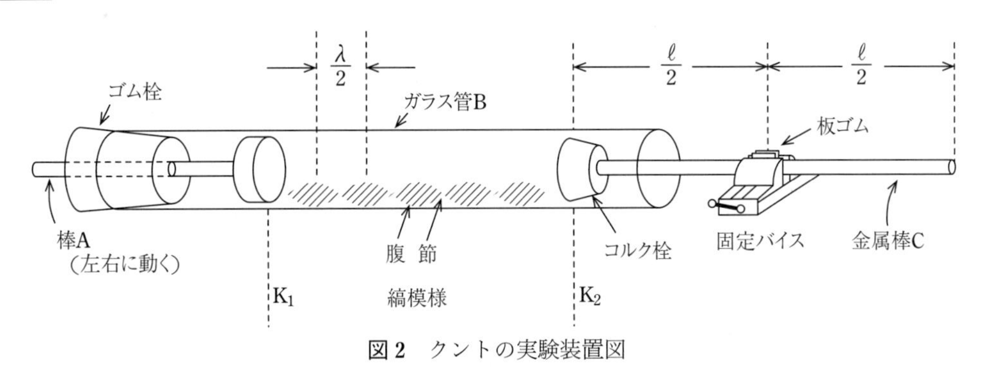

図 2　クントの実験装置図

いま，図のような装置を作る．金属棒 C はガラス管 B 内の空気に振動を与える役目をする．すなわち，C の棒を布に松やにを付けたもので上手にしごくと鋭い音を出して振動する．この振動によって管 B 内の空気が棒 C の振動数と同じ振動数の振動をするわけである．

さてガラス管 B 内に定常波を作るためには管の長さを適当（定常波の波長を λ とすると $\frac{\lambda}{2}$ の整数倍の長さ）にしなければならないから棒 A を左右に動かして管の長さ（K_1, K_2 がそれにあたる）を調節して最もよく定常波の起こる所，すなわち，棒 C の振動に管 B 内の空気が最もよく共鳴する所を捜さねばならない．あらかじめ，ガラス管 B 内に軽い乾いた粉（コルクの細かくしたものなど）を入れておくと，共鳴したとき，最もよく粉は運動して縞模様をなして落ち着く．縞模様の間隔が定常波の波長の $\frac{1}{2}$ に相当する．また棒 C はその中央をしっかり固定せねばならない．中央以外の片寄った所を固定したり，固定が不十分であると，棒は不規則な振動をして，うまく縞模様が出ない場合がある．

このときの棒 C の中を伝わる縦波の速度 V_1 は

$$V_1 = \sqrt{\frac{E}{\rho}} \tag{1}$$

で与えられる．ρ は物質の密度，E は物質の Young 率である．したがって，Young 率 E は

$$E = \rho V_1{}^2 \tag{2}$$

であるから，物質の密度，縦波の速度によって求めることができる．

一方，V_1 は波の振動数を f，波長を λ_1 とすると

$$V_1 = f\lambda_1 \tag{3}$$

ここで，波長 λ_1 は，金属棒の長さ ℓ の 2 倍で与えられる．

$$\lambda_1 = 2\ell \tag{4}$$

振動数 f は，空気中の音波の速度 V_2，波長 λ_2 から求めることができる．すなわち，

$$f = \frac{V_2}{\lambda_2} \tag{5}$$

で与えられる．V_2 は気温 t [℃] に依存しており，

$$V_2 = 331\sqrt{1+\frac{t}{273}} \fallingdotseq 331(1+0.00183\,t)\,[\mathrm{m/s}] \tag{6}$$

である．

波長 λ_2 はガラス管の中に音波の定常波を作ることによって求める．

実験方法：

1) 4種類（銅，鉄，真鍮，アルミ）の棒のうち，1本を選んで，棒の長さ ℓ，質量 M，直径 $2r$ を測定し，棒の密度 ρ を求める．棒の長さ ℓ より λ_1 を求める．
2) コルクの細粉をガラス管Bの中に一様に薄く散布する．
3) 先端にコルクが付いた棒Cの中心をゴム板ではさんで固定バイスで固定する．このとき，コルクと棒Cは密着させること．密着がゆるいとガラス管の中に音波は伝わらない．
4) 松やにを綿布に付け，棒Cをつかみ図3の矢印の方向にしごくように引くと，棒Cに縦振動が生じ高音を発する．この高音を発せながら棒Aの先端に取り付けたコルクの位置を適当に動かしていくと，棒Cの縦振動と気柱の縦振動が共鳴して定常波が生じ，ガラス管内に規則的な縞模様が生じる．
5) この定常波の波長 λ_2 を求めるために，定常波の腹の位置 $x_1, x_2, x_3, \cdots$ を測定し，Excel を用いて移動平均法で λ_2 を求める（p.27 の「6.3. 移動平均法」を参考にすること）．
6) 温度 t を測定し，空気中の音速 V_2 を求める．
7) 以上の測定値を用いて f, V_1, E を求める．
8) 残り3種類の棒について，それぞれ1)〜7)の測定を行う．

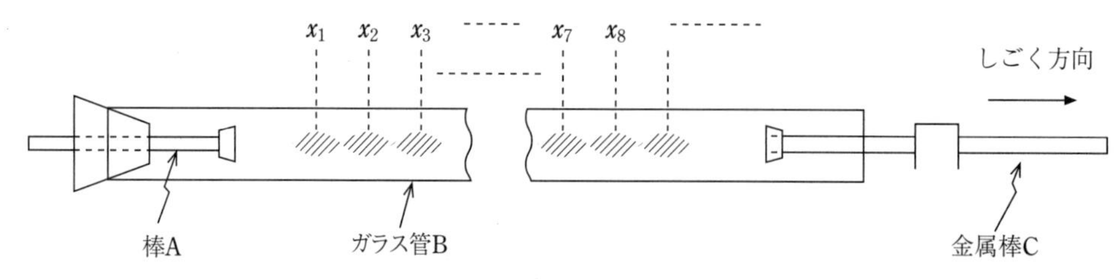

図3　定常波の発生

参　考：

1）表 1 に各物質の Young 率などの弾性定数の値を示す．

表 1　弾性定数の値

物　質	Young 率 E [10^{10} N/m^2]	剛　性　率 μ [10^{10} N/m^2]	体積弾性率 κ [10^{10} N/m^2]	Poisson 比 σ
鋼，鍛鉄	19～21	7.5～8.4	16～18	0.29
銅	12～13	4.0～4.7	13～14	0.34
真　鍮	9～11	3.5～3.7	10	0.37
鉛	1.5～1.8	0.5～0.6	4.4	0.45
ガラス	5～8	2.0～3.2	3.5～6	0.25
Al	7.05	2.67	7.46	0.339

実験 43　導線の共振による交流の周波数の測定

目　的：導線に交流を通じ，導線に生じた定常波（横波）の波長を測定することによって，交流の周波数を測定する．

原　理：磁界に垂直に張った導線に電流を通じると，導線は，フレミングの左手の法則に従い，電流および磁界のそれぞれに垂直な方向の力を受ける．

電流の方向を反対にすると，導線は反対方向の力を受ける．ここで，この導線に交流を通じると，導線は磁界に垂直な面で振動する．

導線の長さ，および張力が適当に選ばれると，導線は横波の定常波を生じて共振する．このとき，隣り合う節点間の距離を d [m] とすると，波長 $\lambda = 2d$ となり，導線の振動数すなわち交流の周波数 f は次式で求められる．（実験 41. メルデの実験を参考にせよ）

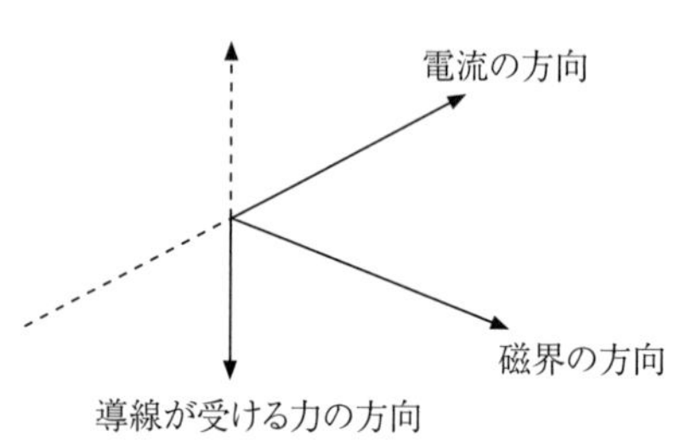

図 1　磁界中の電流が受ける力（アンペアの力）

$$f = \frac{V}{\lambda} = \frac{1}{\lambda}\sqrt{\frac{Mg}{\rho}}\ [\mathrm{Hz}] \qquad (1)$$

ただし　ρ：導線の線密度

M：質量

g：重力加速度の大きさ（9.7971 m/s^2）

V：導線を伝わる横波の速度

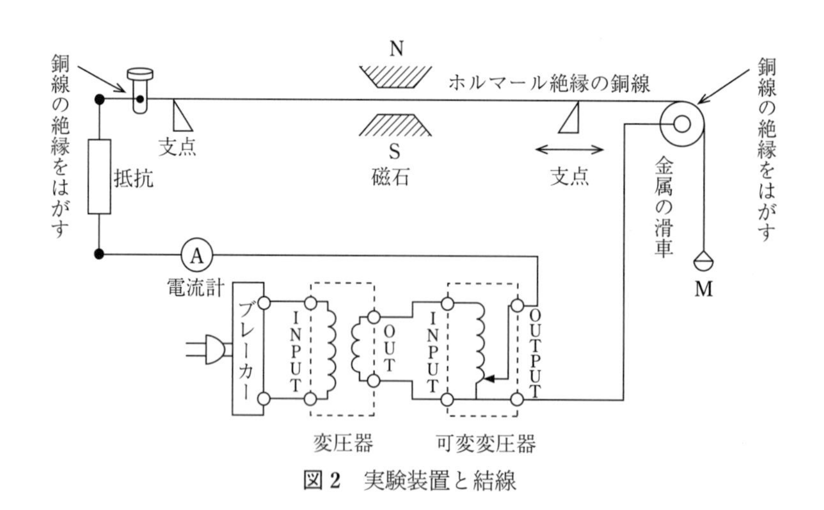

図 2　実験装置と結線

装　置：実験装置は図2のようになっている．100 V の交流より，変圧器（トランス），可変変圧器（スライダック）を通し電圧を下げ，これを電流計，抵抗を通して細い銅線に接続する．

磁石は銅線が極間の中心を通り，しかも磁力線が銅線と垂直に交わるように置く．支点の位置および，おもりが適当に調整されると共振する．

実験方法：

1）銅線の長さ ℓ，質量 m を測定し，線密度 $\rho\,(=\dfrac{m}{\ell})$ を求める．

2）質量 M を測定し，銅線の一端に荷重 Mg をかけてコンセントに配電されている交流を通じ，支点間の距離を図3のように調整して銅線に定常波を発生させる．

3）定常波の節の位置 $x_1, x_2, x_3 \cdots$ を直定規を用いて読み取る．実験中は節と節との間の距離より，Excel を用いて移動平均法で λ を求める．（p.27 の 6.3. 移動平均法も参照のこと．）

4）式（1）から f を求める．

5）質量 M を 5 g 以上でいろいろ変えて，定常波の λ と f を求める．（注意：M を変えたとき，支点の位置を再調整して，定常波の振幅が最大になるようにした後，節の位置を測定すること．）

6）λ^2 と M の関係をグラフに描く．グラフの傾きから f を求める．

7）周波数計で，図2とは別に配電されている交流の周波数 f_0 を測定する．周波数計は端子にプラグ付きコードで AC 100 V を加えればよい．この f_0 と実験で得られた f を比較する．

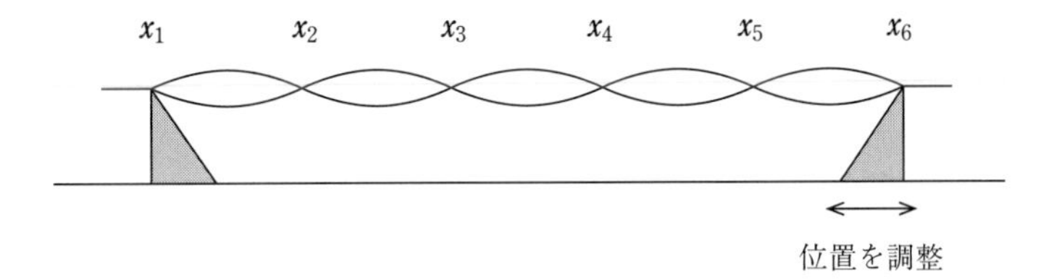

図3　定常波の調整

注　意：

1）可変変圧器の入出力を間違えると，過大電流が流れ危険である．入力（input）・出力（output）を間違えないようにすること．

2）銅線はホルマール絶縁されているので，サンドペーパーを使い絶縁膜をはがして使うこと．電流が流れないのは，この操作が不十分であるのがほとんどである．

3）電流は 1 A～2 A の範囲で行う．

4）振動方向が上から見てわかりやすくなるように，磁石の置き方（磁界の向き）を考えよ．

5）電流が流れているときは，端子や滑車を触らないこと．

補　足：実験 41 の定常波（p.109）を参照すること．

実験 44　音速の測定

目　的：発振器から発生する一定振動数の音波の波長を測定することにより音速を測定する．

原　理：弾性体の中を伝わる音の速さは一般に

$$V=\sqrt{\frac{k}{\rho}} \tag{1}$$

ただし，k は弾性率，ρ は密度で表される．空気中を伝わる可聴音では，空気は断熱変化をするとみられているので，弾性率としては，断熱的に考えたときの体積弾性率，すなわち，

$$\mathrm{d}p=-k\frac{\mathrm{d}v}{v} \tag{2}$$

で，かつ

$$pv^{\gamma}=\mathrm{const.} \tag{3}$$

を満たす k をとらなければならない．(2) より

$$k=-v\frac{\mathrm{d}p}{\mathrm{d}v}$$

(3) より

$$\frac{\mathrm{d}p}{\mathrm{d}v}v^{\gamma}+\gamma pv^{\gamma-1}=0$$

$$\therefore\quad \frac{\mathrm{d}p}{\mathrm{d}v}v=-\gamma p \qquad \therefore\quad k=\gamma p$$

これを (1) に代入して

$$V=\sqrt{\frac{\gamma p}{\rho}} \tag{4}$$

と表される．

一方，音の波長を λ [m]，振動数を f [Hz] とすれば，伝播速度 V [m/s] は

$$V=\lambda f \tag{5}$$

なる関係が成立する．

t [℃] ($T=273+t$) での圧力を p，密度を ρ，音速を V，0 ℃ ($T_0=273$) での圧力を p_0，密度を ρ_0，音速を V_0 とする．一定質量の空気についてはボイル・シャルルの法則が成立するとして，

$$\frac{p}{\rho T}=\frac{p_0}{\rho_0 T_0} \tag{6}$$

したがって，

$$V = \sqrt{\frac{\gamma p_0 T}{\rho_0 T_0}} = \sqrt{\frac{\gamma p_0}{\rho_0}}\sqrt{\frac{273+t}{273}} = V_0\left(1+\frac{t}{273}\right)^{\frac{1}{2}} \fallingdotseq V_0\left(1+\frac{t}{2\times 273}\right)$$

$$= V_0(1+0.00183\,t) \tag{7}$$

0 ℃，1 気圧のときの音速 V_0 は理論上，$\gamma = 1.402$，$p_0 = 1.013\times10^5\,\mathrm{N/m^2} = 1.013\times10^5$ Pa，$\rho_0 = 1.293\times10^{-3}\,\mathrm{g/cm^3} = 1.293\,\mathrm{kg/m^3}$ を代入して

$$V_0 = \sqrt{\frac{\gamma p_0}{\rho_0}} = \sqrt{\frac{1.402\times1.013\times10^5}{1.293}} = 331.4\ \mathrm{m/s}$$

となる．

装　置：この実験に用いる装置の概略を図 1 に示す．

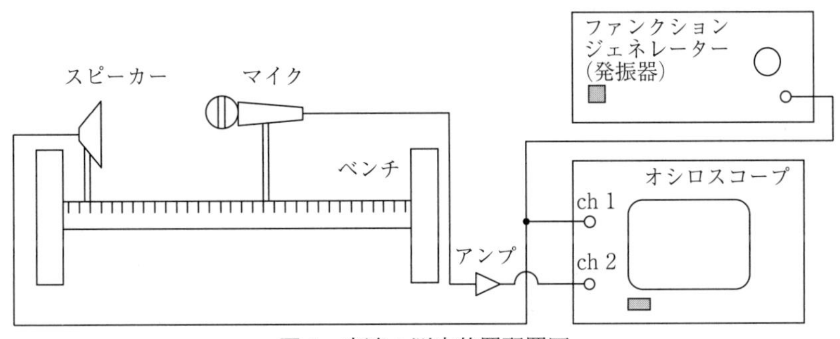

図 1　音速の測定装置配置図

図 1 に示すように，ファンクションジェネレーター（発振器）で発生した出力信号を 2 本の配線によって分割し，一方の出力信号を直接オシロスコープの水平入力（ch 1）に入れる．もう一方の出力信号はスピーカーに送り，音波を発生させる．スピーカーと同じベンチに載せたマイクによって，スピーカーから出た音波を検出する．この音波の出力信号をアンプで増幅させてオシロスコープの垂直入力（ch 2）に入れる．この 2 つの水平入力（ch 1），垂直入力（ch 2）により，オシロスコープの画面上にリサージュ（Lissajous）図形を描かせる．

実験方法：

1）オシロ用マイクをスピーカーに近づけていき，オシロスコープの画面上にリサージュ図形が出るよう，垂直入力（ch 2）の振幅をダイアル V（VERT）を回して調整する．オシロスコープの使い方は p.32「7. 3 オシロスコープ」を参照し，特に p.36 の 2）リサージュ図形観測（音速の測定）方法についての文章を読む．（注意：スピーカーの音量が小さすぎると，周りの雑音によって図形が影響を受けて安定せず，逆に音量が大きすぎると図形がひずむので，適度な音量に調整すること．）

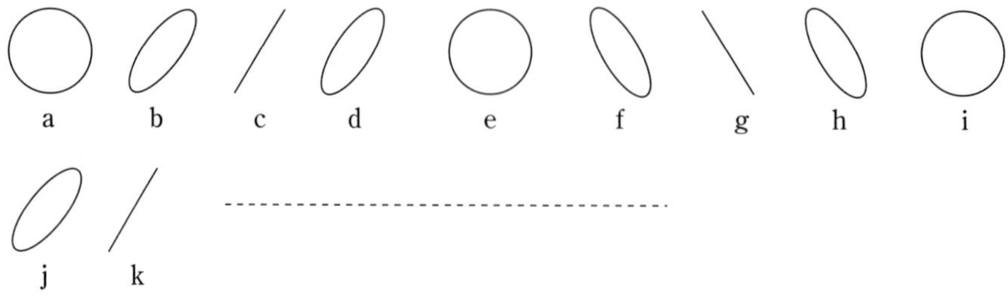

図2　リサージュ図形（周波数比　$y:x=1:1$）

2）次に，ベンチに沿ってオシロ用マイクの位置を動かし，スピーカーとマイク間の距離を変える．これによりマイクが検出する音波の位相が変わり，図2のaからkに示すようにリサージュ図形が変化する（p.34 リサージュ図形観測を参照のこと）．例えば，距離の変化として観測しやすいc, g, kの場合に着目し，それらのリサージュ図形に相当するマイクのベンチでの各位置（目盛り）を読み取る．cとなるマイクの位置からgとなる位置までの距離が半波長$\frac{\lambda}{2}$，cとなる位置からkとなる位置までの距離が1波長λである．

3）以上の方法により，オシロ用マイクの位置を動かして，c, g, kに対応する点について少なくとも10か所の位置を測定する．続いて移動平均法（p.27）を用いて，音波の波長をExcelの表を利用して求める．式(7)より，音速Vは気温tの関数である．実験中随時，tを測定し，式(7)を用いてV_0を求める．

4）周波数fを5 kHz～15 kHzの範囲で，少なくとも5つを選んで同様の測定を行い，VとV_0を求める．

5）fと$\frac{1}{\lambda}$の関係をグラフに描き，そのグラフよりVとV_0を求める．

参　考：様々な物質中での音波の伝播速度を表1に示す．

表1　様々な物質中での音波の伝播速度

	温度［℃］	速度［m/s］
空　気（乾　燥）	0	331.45
酸　素	0	317.2
窒　素	0	337
水　素	0	1269.5
水　蒸　気	100	404.8
水	23～27	1500
エチルアルコール	23～27	1207
鉄	—	5950
銅	—	5010

実験 51　ホイートストンブリッジによる電気抵抗の測定

概　要：

オームの法則

導体の両端に加える電圧 V と導体を流れる電流 I とは比例する．数式で表すと，

$$V = RI \tag{1}$$

となる．この関係をオームの法則という．比例定数 R を抵抗という．電圧，電流，抵抗の単位はそれぞれ，ボルト：V，アンペア：A，オーム：Ωである．

式(1)は，抵抗 R に電流 I が流れているとき，その両端の電位差が V であるという見方もできる．

電圧の抵抗分割

図1のように，2つの抵抗 R_1, R_2 を直列に接続し，起電力 E の電源をつなぐ．このとき，流れる電流 I は，

$$I = \frac{E}{R_1 + R_2} \tag{2}$$

である．抵抗 R_2 の両端の電位差は，IR_2 である．したがって，点 a の電位を 0 とすると，点 c の電位 V_c は

$$V_\mathrm{c} = \frac{R_2}{R_1 + R_2} E \tag{3}$$

このように，2つの抵抗によって，電圧 E を分割することができる．

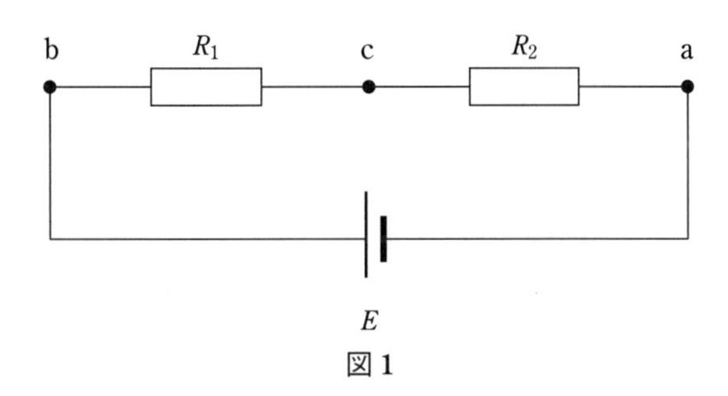

図1

テスターやオシロスコープで直接測定できない大きな電圧を，抵抗分割することによって測定できるようにすることができる．たとえば，$R_1 = 99\ \mathrm{k\Omega}$，$R_2 = 1\ \mathrm{k\Omega}$とすれば，100分の1の電圧に変換できる．

目　的：ホイートストンブリッジを用いて金属線の抵抗を測定し，抵抗率を測定する．

原　理：

ホイートストンブリッジ

2組の直列につないだ抵抗を図2のように，起電力 E の電源に接続する．点 c，点 d の間に，検流計 G_1，スイッチ K_2 を接続する．このような回路をホイートストンブリッジという．K_2 が開いた状態では，点 c の電位 V_c，点 d の電位 V_d は式(3)よりそれぞれ，

$$V_c = \frac{R_A}{R_A + R_B}E, \quad V_d = \frac{R_X}{R_X + R_S}E \tag{4}$$

で与えられる．V_c, V_d が異なっていれば，スイッチ K_2 を閉じれば検流計 G に電流が流れるが，V_c, V_d が同じであれば G に電流が流れない．このとき，4つの抵抗 R_A, R_B, R_S, R_X の関係は，$V_c = V_d$ より

$$\frac{R_A}{R_A + R_B} = \frac{R_X}{R_X + R_S} \tag{5}$$

$$R_A(R_X + R_S) = R_X(R_A + R_B)$$

$$R_A R_S = R_X R_B$$

$$R_X = \frac{R_A}{R_B}R_S \tag{6}$$

と表される．

ホイートストンブリッジでは，スイッチ K_1, K_2 を閉じたとき，検流計 G に電流が流れないように，既知の3つの抵抗 R_A, R_B, R_S を調節することにより，未知の抵抗 R_X を式(6)によって求めることができる．この実験で用いるホイートストンブリッジでは，R_A, R_B は独立に変えず，$\frac{R_A}{R_B}$ を「倍率」として設定する．R_S は4つのダイヤルで設定する．

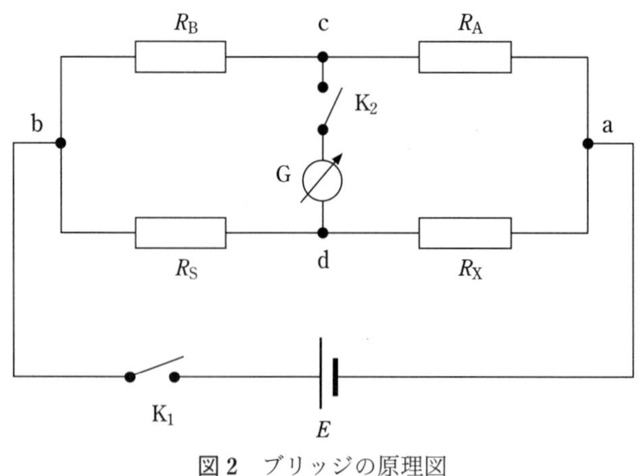

図2　ブリッジの原理図

抵抗率

金属線（棒）の抵抗 R［Ω］は，長さ ℓ［m］に比例し，断面積 A［m^2］に反比例するので，

$$R = \rho \frac{\ell}{A} \tag{7}$$

の関係が得られる．

ここに，比例定数 ρ［Ω･m］は抵抗率と呼ばれ，金属中の伝導電子の数や，平均自由行程（電子が移動するとき衝突から次の衝突までの間に走る距離の平均値）など，内部構造に関係する物質に固有の値である．自由行程が温度に依存しているので，温度が上がると ρ は大きくなる．

実験方法：

1）3本のニクロム線の直径を測定する（長さは記載されている値を使用せよ）．

2）それぞれのニクロム線の抵抗をブリッジで測定し，ニクロム線の抵抗率を求める．次に，抵抗3本を直列，並列に接続を変え測定する．

3）可変抵抗器に接続し，ダイヤルの目盛りと抵抗値の関係を測定する．

注　意：

1）抵抗に電流を流すと熱が発生し，温度が変化すると ρ が変化するので，スイッチ BA を押す時間をできる限り短くせよ．

2）接続用導線も抵抗をもつ．さらに，接続端子につなぐときの接触抵抗もあるので注意すること．

参　考：ニクロム線の抵抗率の参考値は 1.07×10^{-6} Ω･m である．

ホイートストンブリッジの使用法

実験に使用するホイートストンブリッジの外観，設定説明図を図3に示す．

1）電源選択スイッチを INT BA に，MV-R スイッチを R にする．外付け検流計端子が金属板でショートされ，INT GA の文字が見える状態にしておく．接地端子，外付け電源端子は使用しない．被測定抵抗を X_1, X_2 端子につなぐ．

倍率 R_A/R_B，平衡用加減辺 R_S はダイヤル式になっている．R_S のダイヤルは4個あり，R_S はその合計である．

2）MULTIPLY（倍率 R_A/R_B）を1とする．

3）まず，$R_S = 0$（すべてのダイヤルを0）にして，スイッチ BA を押しながらスイッチ GA を軽く押して，検流計の指針が左右どちらに振れるかを見る．これで設定した R_S が求めるべき値より小さい場合の振れの向きが確認できる．

4) 次に，R_S を大きく（例えば 1000，100）して，3) $R_S = 0$ のときの振れに対して指針が反対を指すような値を探す．

5) 求めるべき値は 3) と 4) の R_S の間にある．その中間ぐらいの値に R_S を設定して，振れの向きを見る．これにより，求めるべき値は，3) と 5)，あるいは 4) と 5) の R_S のどちらの間にあるかが分かる．以降同様にして求めるべき値の範囲をしぼり込む．

6) R_X の値が大体わかったところで，MULTIPLY（倍率 R_A/R_B）を変え，有効桁が多く取れるように比例辺 R_S を変え，大きい桁から順次平衡点に近づけていく．

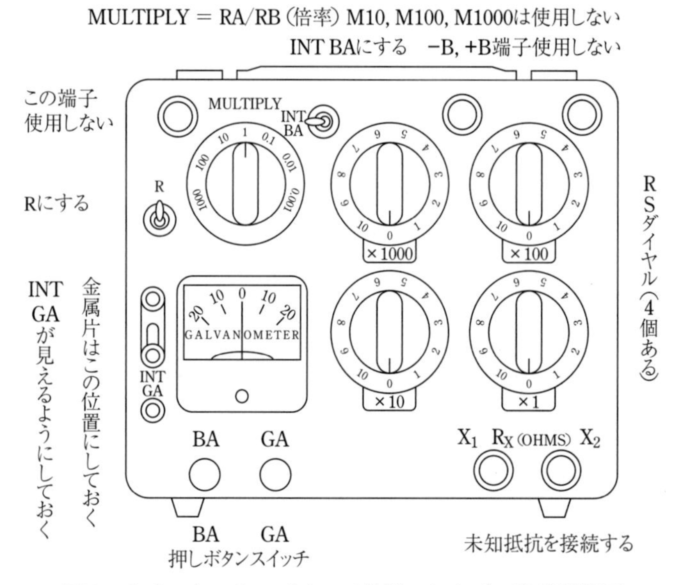

図 3　ホイートストンブリッジ外観，および，設定説明図

実験 52　三極真空管特性の測定

目　的：三極管の静特性を測定し，三極管の 3 定数（増幅率など）を測定する．

原　理：

1．二極真空管

1 つの真空管の中に陰極としてフィラメント（または傍熱型陰極）と，それを取り囲む 1 つの陽極があるのが二極真空管である．

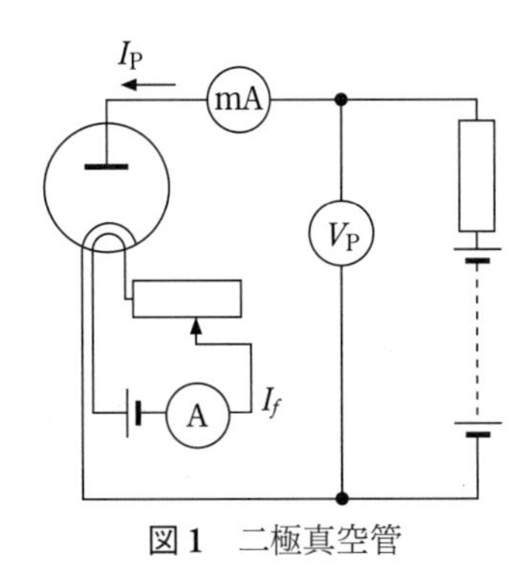

図 1　二極真空管

陰極を熱すると陰極から多くの電子が飛び出す．陰極に対し陽極が正の電位に保たれていると陽極に多数の電子が飛び込むが，陽極が負の電位になっていると電子は陽極に達しえない．

このことを利用して交流を直流に直すことができる．

すなわち，二極真空管には整流作用がある．

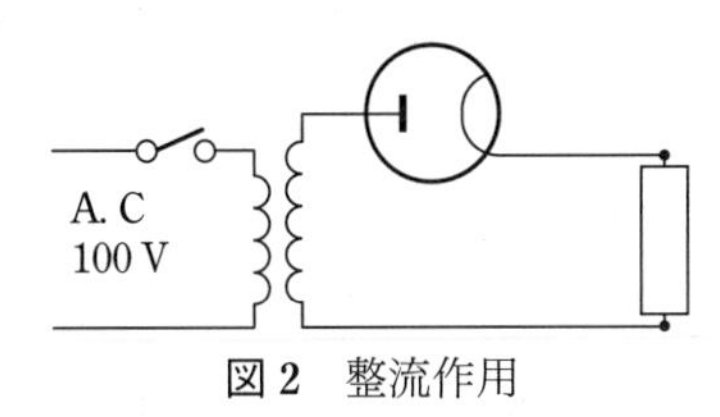

図 2　整流作用

次に陽極に加える電圧（陰極に対する電位，プレート電圧という）V_P を次第に増加していくとき，陽極から陰極に向かって流れる電流（プレート電流という）I_P は次第に増加していくが正比例しない．

I_P と V_P の関係 $I_P = f(V_P)$ の関係を**二極管の特性**という．

陰極温度により I_P が定まるとき（V_P が十分に高く放出電子が全部 Plate に到達するとみられるとき）を**温度制限電流**という．

これに対し，V_P が低く放出電子が陰極付近の空間電荷を形成し，放射電子の一部だけが Plate に達するとき**空間電荷制限電流**という．

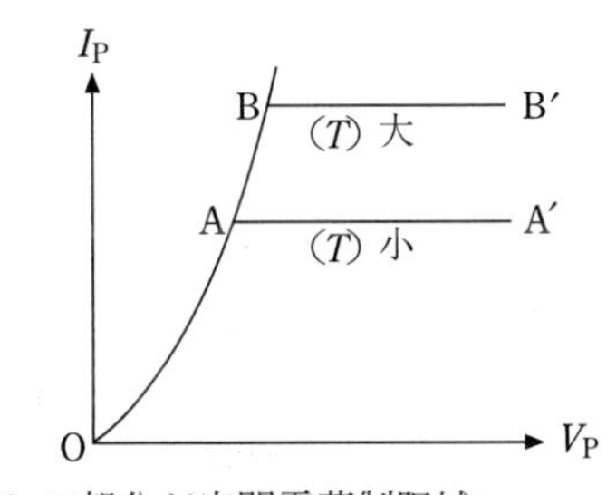

OA の部分が空間電荷制限域

AA′ の部分が温度制限域，T：陰極温度

図 3　モデル化した二極管特性

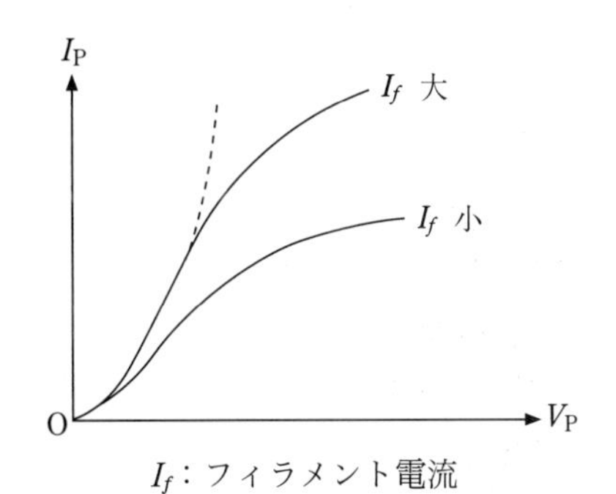

I_f：フィラメント電流

図 4　実際の二極管特性

この範囲では

$$I_P = kV_P^{\frac{3}{2}} \qquad (k \text{ は定数}) \tag{1}$$

の関係（Langmuir の式）がある．

フィラメント温度を上げると OA の部分が OAB と拡がり，AA′ の部分が BB′ の部分に移動する．

2．三極真空管

三極真空管は，二極真空管の陰極と陽極の間に電子の運動を制限するために，格子状電極（グリッドまたは格子という）を設けたものである．

プレート電圧を一定にしておいてもグリッドの陰極に対する電位（グリッド電圧）V_g が変化するとプレート電流が変化する．そのことを利用してグリッド電圧のわずかの変化を，プレート電流の変化により，プレート回路に入れた抵抗の端子電圧の大きな変化にすることができる．すなわち，三極真空管は増幅作用を有する．

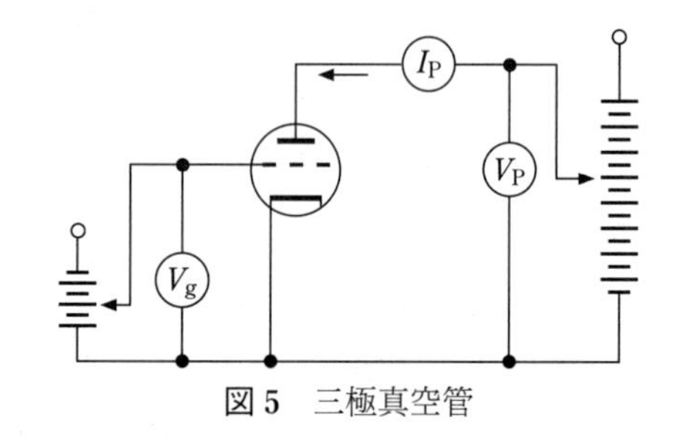

図 5　三極真空管

プレート電圧 V_P を一定にしておいて V_g を変化させ，それに対する I_P を測定して $I_P - V_g$ 関係を示したものを $\boldsymbol{I_P - V_g}$ **特性曲線**という．

同様に一定のプレート電流が流れるようにして $V_P - V_g$ の関係を示したものを $\boldsymbol{V_P - V_g}$ **特性曲線**といい，V_g を一定にして V_P, I_P の関係を示したものを $\boldsymbol{V_P - I_P}$ **特性曲線**という．

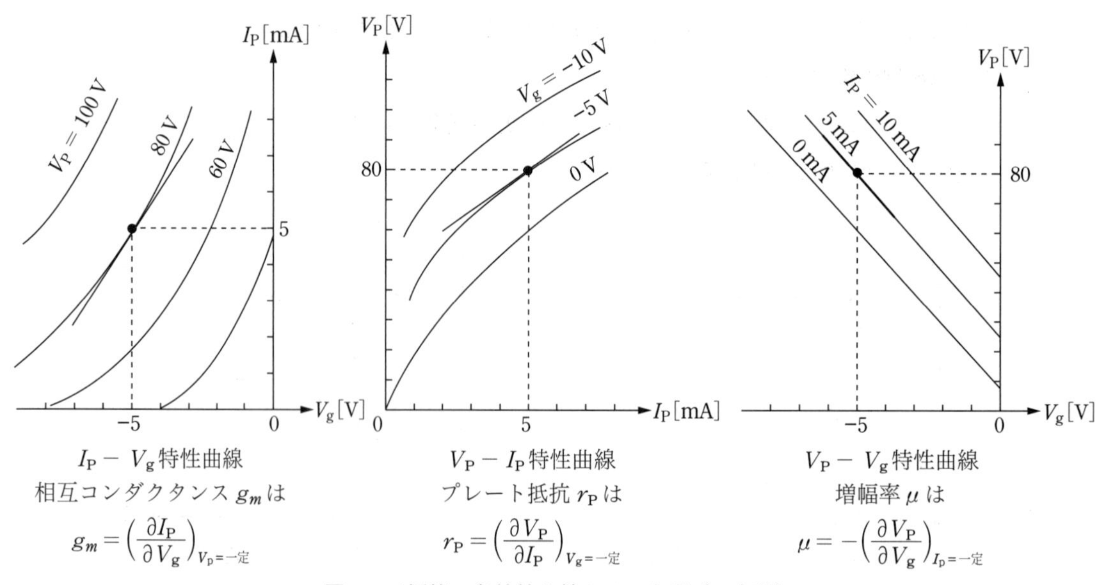

図 6　三極管の各特性曲線とその勾配（三定数）

V_Pをいろいろに変えた場合の$I_P - V_g$特性曲線の一群を測っておけば，後の2つの特性曲線もそれから得られる．

相互コンダクタンス(g_m)，プレート抵抗(r_P)，増幅率(μ)は三極真空管の3定数といわれるが，それらはそれぞれ$I_P - V_g$, $V_P - I_P$, $V_P - V_g$特性曲線の勾配の絶対値をとったものといえる．動作点(I_P, V_P, V_g)での3定数の間には

$$\mu = g_m r_P \tag{2}$$

なる関係がある．

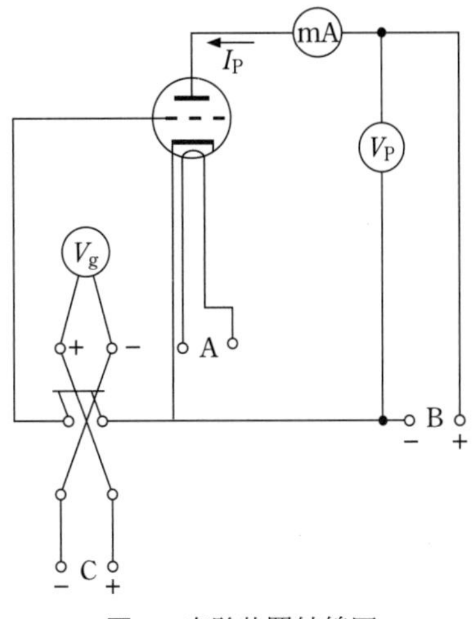

図7　実験装置結線図

<u>実験方法</u>：三極真空管の12 AU 7またはUY-76の特性曲線(図6)を多数グラフに描き，3定数を見いだし，式(2)を確める．(たとえば動作点(80 V, −5 V, 5 mA)にて確かめよ)．また，図8に示すようにV_P一定(たとえば80 V)として，I_Pに対する3定数の特性曲線をグラフに描く．

<u>注　意</u>：

1) 結線はしなくてよい．スイッチで12 AU 7かUY-76を選び実験をせよ．

2) $1/R$の単位はジーメンス(記号ではS)である．

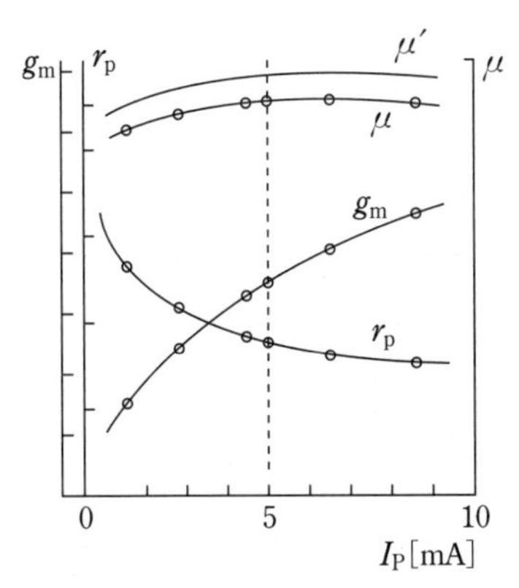

図8　I_Pと3定数の関係
(V_Pは一定，ただし，μ'はg_mとr_Pの積による増幅率)

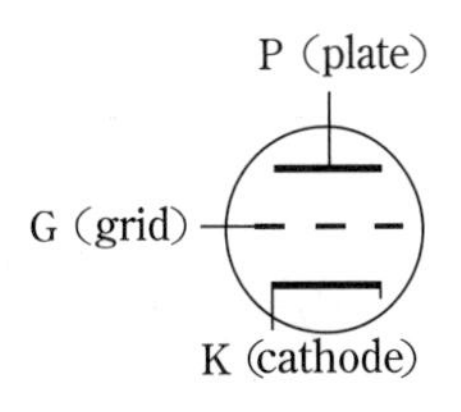

図9　三極管の電極

12 AU 7

検波増幅用双三極管

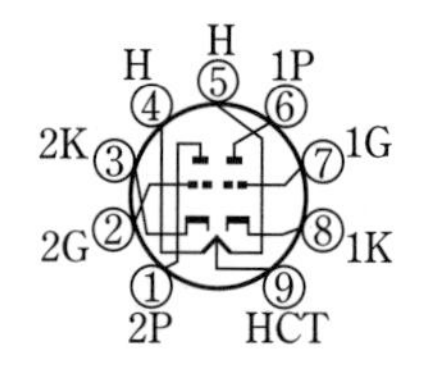

12 AU 7 は増幅率が中位で相互コンダクタンスも高い検波増幅または発振用の三極管が 2 個入った 9 ピンのミニアチュア形双三極管であります．位相反転，抵抗増幅あるいはマルチバイブレーターのような発振などに使用されます．

カソード　傍熱形

	直列	並列	
ヒータ電圧	12.6	6.3	V
ヒータ電流	0.15	0.3	A

外　　形　21.2

電極間静電気容量

	外部シールドなし ユニット 1	外部シールドなし ユニット 2	外部シールド付き ユニット 1	外部シールド付き ユニット 2	
グリッドとプレート間	1.5	1.5	1.5	1.5	pF
入力側	1.6	1.6	1.8	1.8	pF
出力側	0.4	0.32	2	2	pF

A_1 級増幅用（各ユニットごと）

最大定格（設計最大値）

プレート電圧	最大	330	V
カソード電流	最大	22	mA
プレート損失	最大	2.75	W
ヒータカソード間電圧			
ヒータ正　直流＋せん頭値	最大	200	V
直流	最大	100	V
ヒータ負　直流＋せん頭値	最大	200	V
直流	最大	200	V
グリッド回路抵抗			
固定バイアスのとき	最大	0.25	MΩ
カーソードバイアスのとき	最大	1.0	MΩ

動作例および特性

プレート電圧	100	250	V
グリッド電圧	0	−8.5	V
増幅率	19.5	17.0	
プレート内部抵抗（概略値）	6500	7700	Ω
相互コンダクタンス	3100	2200	μ℧
グリッド電圧（I_b = 10μA のとき）（概略値）	—	−24	V
プレート電流	11.8	10.5	mA

12 AU 7　平均プレート特性（各ユニットごと）

E_f = 規定値
E_c = 0 V, −2, −4, −6, −8, −10, −12, −14, −16, −18, −20, −22, −24, −26, −28, −30
プレート電流[mA]
プレート電圧[V]

12 AU 7　平均特性平均（各ユニットごと）

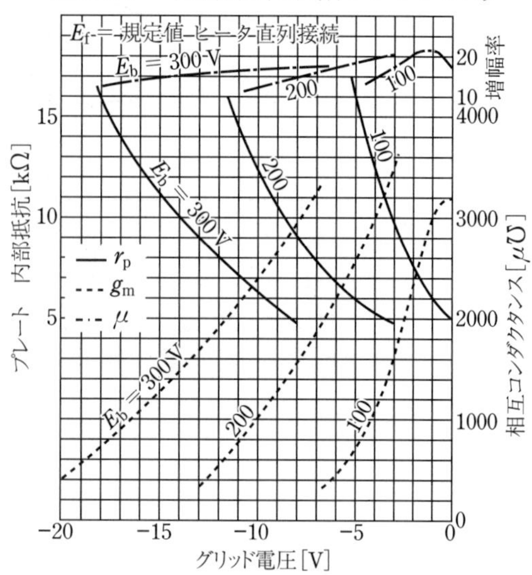

UY−76 検波増幅用三極管

ベース接続 ―――――――――――――――――――――――――――――――― 外　形

ラジオ受信機の検波用，ならびに電圧増幅用，また局部発振用に設計されたST形の三極管であります．

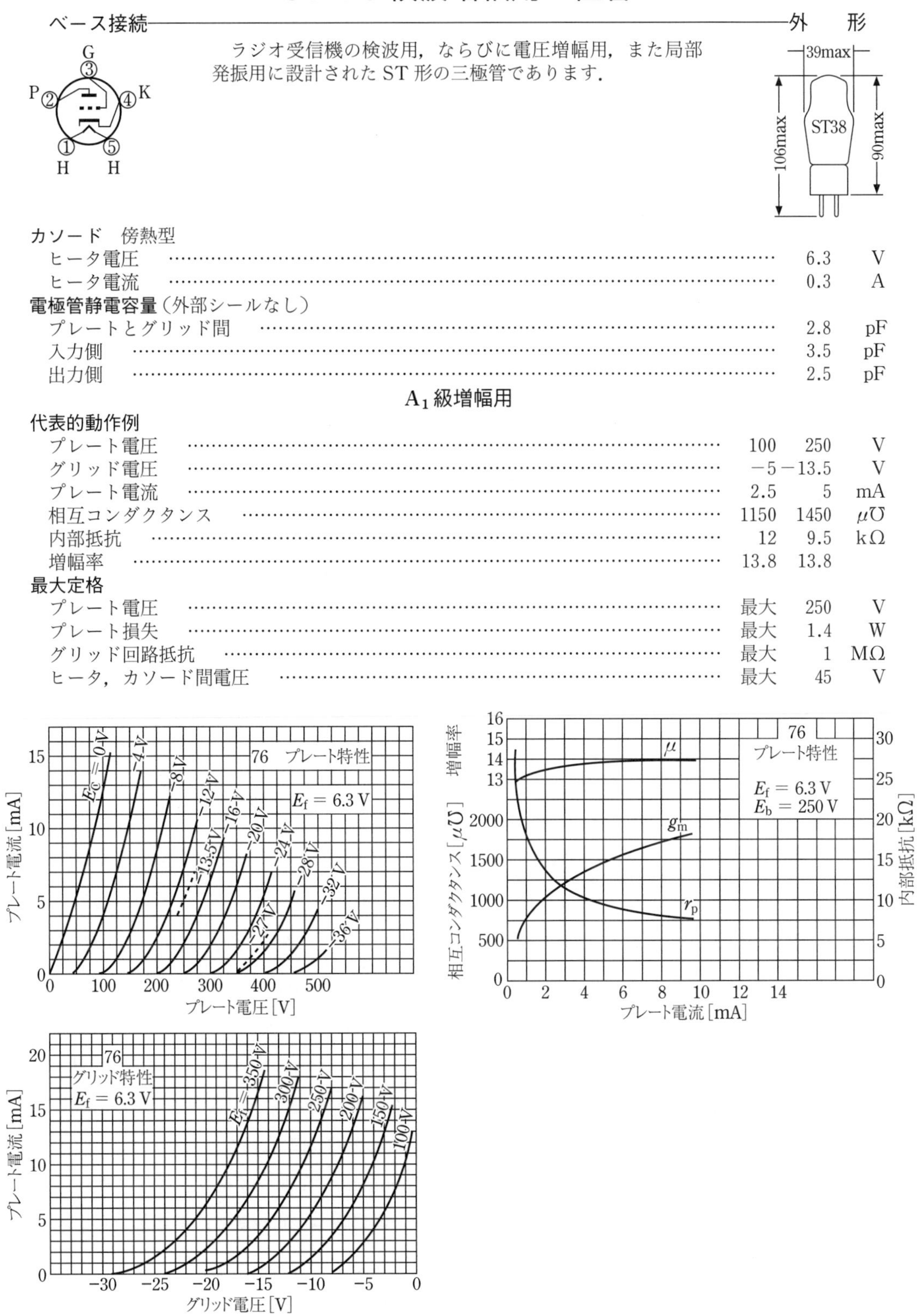

カソード　傍熱型

ヒータ電圧	6.3	V
ヒータ電流	0.3	A

電極管静電容量（外部シールなし）

プレートとグリッド間	2.8	pF
入力側	3.5	pF
出力側	2.5	pF

A_1 級増幅用

代表的動作例

プレート電圧	100	250	V
グリッド電圧	−5	−13.5	V
プレート電流	2.5	5	mA
相互コンダクタンス	1150	1450	μ℧
内部抵抗	12	9.5	kΩ
増幅率	13.8	13.8	

最大定格

プレート電圧	最大	250	V
プレート損失	最大	1.4	W
グリッド回路抵抗	最大	1	MΩ
ヒータ，カソード間電圧	最大	45	V

実験 53　トランジスタ特性の測定

目　的：トランジスタの静特性，h 定数を測定する．

原　理：

1．トランジスタの動作原理

電子や正孔を利用して増幅，スイッチ動作をさせる電子素子は一般に，図1で示す電流担体（電子，正孔）を供給するAとこれを集めるCおよびこの電流担体の量を制御するBなる部分からできている．この動作原理は図の（a）のようにBのポテンシャルをAより高めると電流担体はCへ流れないが，（b）のようにBを下げると電流は流れ，かつBC間のポテンシャルを大きくしておくと，Bのポテンシャルを上下するエネルギーより大きなエネルギーを外部で発生し，増幅作用をなす．

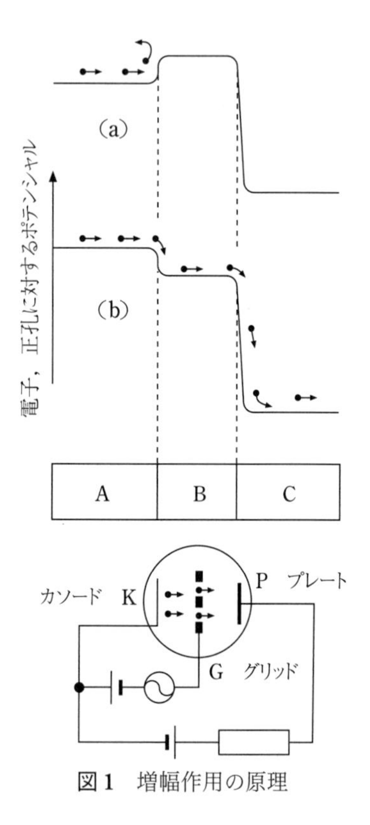

図1　増幅作用の原理

この動作を真空中で行わせたものが真空管であり，半導体中で行わせたものがトランジスタである．現在，実用になっているトランジスタを図2に示す．

図2（a）のnpn接合形トランジスタでは，エミッタEとベースBの間に順方向の電圧（電流が流れやすい）をかけ，コレクタCとベースBの間に逆方向の電圧（電流が流れにくい）をかけておくと，エミッタEから入った電子はベースBに流れこみ，一部はベースの正孔と結合して消滅しベース電流 i_b となるが，大部分の電子は薄いベースを通り抜けてコレクタCに流れこむ．この結果コレクタ電流 i_c が流れたことになり，外部の負荷抵抗 R_L に毎秒 $i_c{}^2 R_L$ の仕事をする．

図2（b）のNチャンネル接合形電界効果トランジスタでは，ソースSに対してゲートGとドレインDにそれぞれ負・正の電位をかけておく．このときG（P形半導体）の周囲に空乏層（電子や正孔がなくなり電流の運び手がない）ができて電流が流れにくい．この層の厚さはGの電位の値によって変動するから，SからDに向かう電子の量をGの電位によって制御できる．

図2（c）のNチャンネルMOS（metal oxide semiconductor）形電界効果トランジスタは図のように電圧をかけておくと，静電誘導によって酸化膜（絶縁物）の下に電子が生じる．本来その部分はP形半導体で正孔が多いが，この電子によって消滅され，さらに G_1 の電位を上げると電子の方が多くなり，SからDに電子が流れる．この場合も G_1 の電位によってSからDに向か

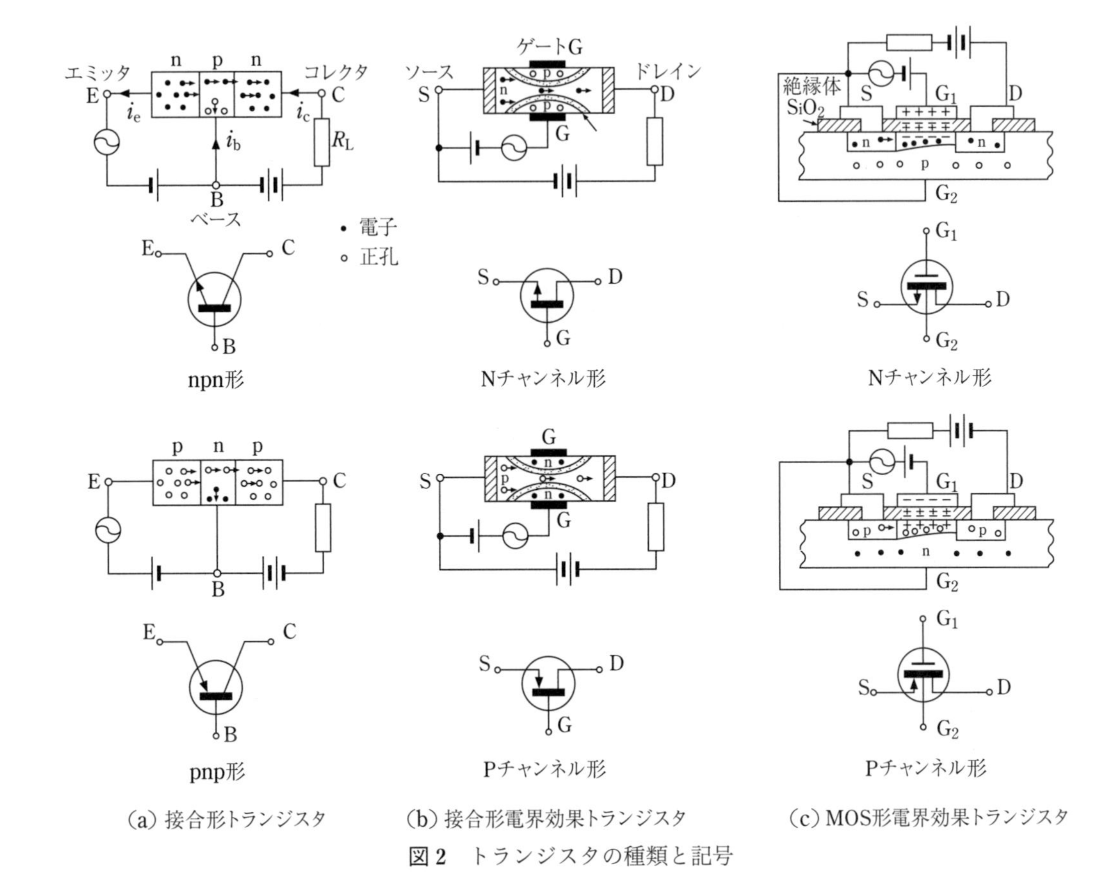

図 2　トランジスタの種類と記号

う電子の量は制御できる．

Pチャンネル形は電流担体が正の電荷の場合で，電圧のかけ方が異なる．このようなトランジスタと抵抗，コンデンサーからなる複雑な回路を約 2 mm 角の半導体上に作ったものは IC（集積回路），LSI（大集積回路）と呼ばれ，コンピューター，スマートフォンおよび iPad などに使われている．

2．接合形トランジスタの特性

トランジスタの内部動作を詳しく説明するには，エネルギー帯モデルを必要とし複雑である．しかしいま，トランジスタの内部をブラックボックスと考え，3 つの端子のうちどれかを共通にすれば 4 端子回路になる．図 3 にブラックボックスと各共通（接地）回路を示す．

4 端子回路の表示は種々あるが，トランジスタでは主として混成表示（h パラメーター，または，h 定数）が使われている．図 3 の（a）のように外部端子に現れる電圧，電流を v_1, v_2, i_1, i_2 とすると次式のように表される．

$$\left.\begin{aligned} v_1 &= h_{11}i_1 + h_{12}v_2 \\ i_2 &= h_{21}i_1 + h_{22}v_2 \end{aligned}\right\} \qquad (1)$$

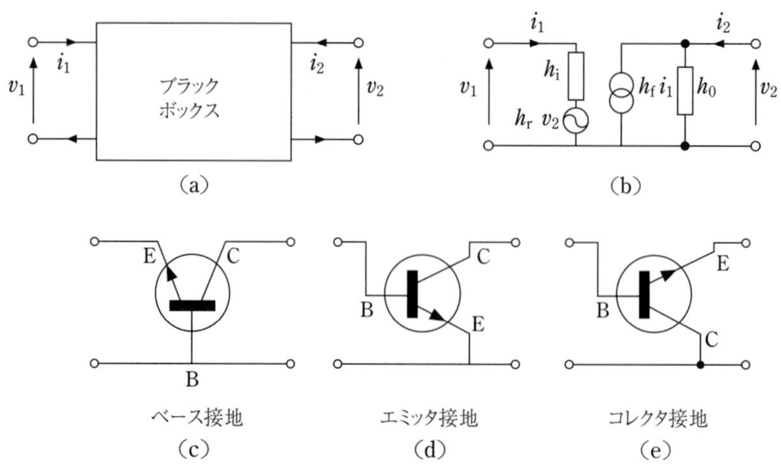

図 3　4 端子とトランジスタ各種接地等価回路

ただし，v, i はある動作点を基準にした変動分（交流）を示す．4 つの h パラメーターがわかればトランジスタの特性をすべて知ることができる．

（i）$h_{11} \equiv h_i = v_1/i_1\,(v_2 = 0)$　出力端子を短絡したときの入力インピーダンス．

（ii）$h_{12} \equiv h_r = v_1/v_2\,(i = 0)$　入力端子を開放したときの入力電圧と出力電圧の比，電圧帰還率．

（iii）$h_{21} \equiv h_f = i_2/i_1\,(v_2 = 0)$　出力端子を短絡したときの入力電流と出力電流の比，電流増幅率．

（iv）$h_{22} \equiv h_0 = i_2/v_2\,(i_1 = 0)$　入力端子を開放したときの出力アドミタンス．

したがって，式（1）において，入力電圧 v_1 は h_i というインピーダンスに i_1 が流れることによって生じる $h_i i_1$ なる電圧降下と $h_r v_2$ なる電圧発電機の電圧の和と考え，一方，出力電流 i_2 は h_f i_1 なる電流発電機と h_0 というアドミタンスに v_2 という電圧が加わって流れる電流 $h_0 v_2$ の和と考えられるから，図 3 の（b）のような等価回路で表すことができる．また，トランジスタの接地方法によって h パラメーターの添字をもう 1 つ付けて表 1 のように書く．

実験方法：高周波用 pnp トランジスタ 2 SA 970（特性表を参照）のエミッタ接地回路の実験を行う．基本的な結線は行われているので，目的に合うように，電圧計，電流計，抵抗，コンデンサーなどを差し替えて，配線を変える．

表 1　h パラメーターの表示方法

	ベース接地	エミッタ接地	コレクタ接地
入力インピーダンス	h_{ib}	h_{ie}	h_{ic}
電圧帰還率	h_{rb}	h_{re}	h_{rc}
電流増幅率	h_{fb}	h_{fe}	h_{fc}
出力アドミタンス	h_{ob}	h_{oe}	h_{oc}

エミッタ接地の静特性

1）図 4 の結線になるよう，電圧計（V_{CE} の値により取り替える），電流計，抵抗を差し替える．

2）I_B を一定にし，V_{CE} を変化させ I_C を測定する．グラフにプロットしながら行うこと．このとき，電圧計は V_{CE} の値により取り替える（図 5）．

3）求められた静特性曲線から，トランジスタ 2 SA 970 の電流増幅率 h_{fe} を次式で求める．

$$h_{fe} = \left(\frac{\Delta I_C}{\Delta I_B}\right)_{V_{CE}=一定} \tag{2}$$

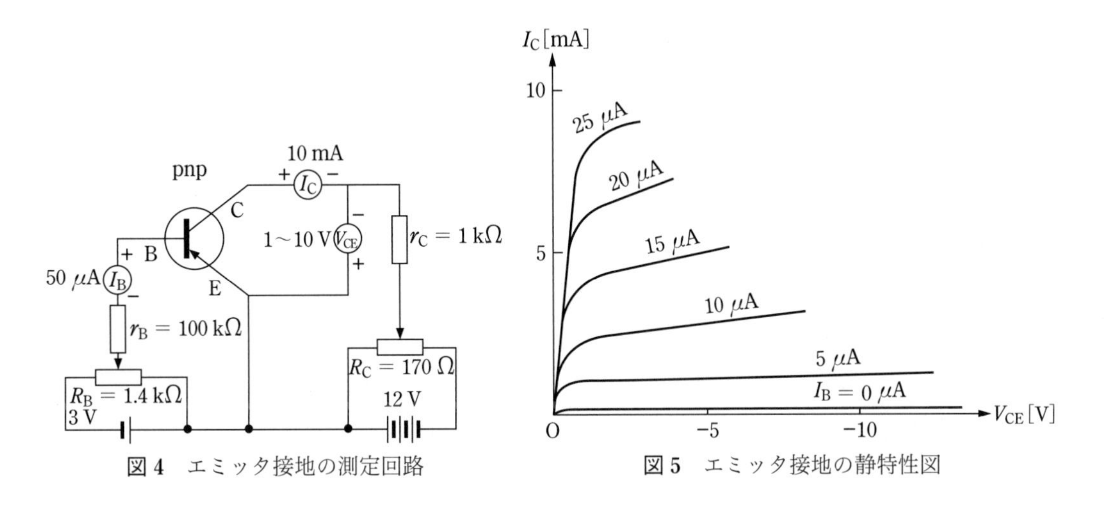

図 4　エミッタ接地の測定回路

図 5　エミッタ接地の静特性図

エミッタ接地の *h* パラメーターの測定

測定の手順は，$V_{CE} = -6$ V, $I_C = -1.0$ mA で動作させる．低周波発振器（Oscillator 略して OSC）の出力は，正弦波 270 Hz とし，AC ボルトメーターで電圧を測定，オシロスコープで波形を観測する（使用法参照）．正弦波出力はあまり大きくすると，波形が歪み，正弦波でなくなるので注意すること．

測定はそれぞれ 1 回でよい．すぐ計算して特性表の数値，単位と比べる．

h_{ie} の測定：

1）図 6 のように結線をする．

2）$V_{CE} = -6$ V, $I_C = -1.0$ mA であることを確認してから，電圧計を外してしまう．

3）原理の式（1）より $h_{ie} = v_1/i_1$ （$v_2 = 0$）出力端子を短絡したときの入力インピーダンスだから，出力を短絡（交流的に）す

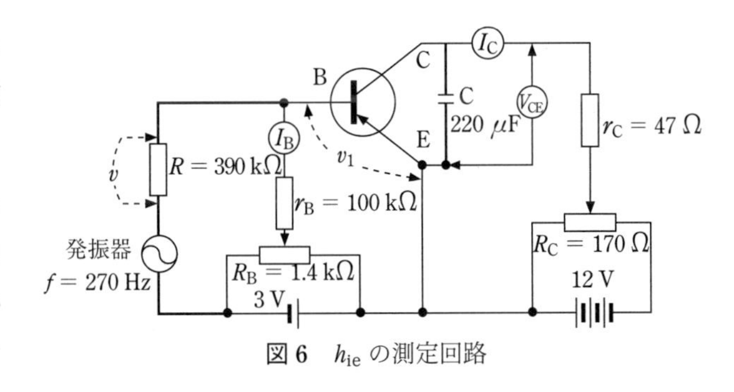

図 6　h_{ie} の測定回路

るためにコンデンサーをトランジスタのC–E間に入れ，ボルトメーターで電流を測定するために，Rを加えた．したがって，

$$h_{ie} = \frac{v_1}{i_1} = \frac{v_1}{\frac{v}{R}} \tag{3}$$

電圧v_1, vを測定すればよい．

4）最初に外した電圧計を取り付け，電圧が変化していれば，測定しなおす．

h_{fe}の測定：

1）図7のように結線をする．

2）$V_{CE} = -6$ V, $I_C = -1.0$ mA であることを確認してから，電圧計を外してしまう．

3）Rおよびr_Cの両端の電圧v, v'を測定するとh_{fe}は

$$h_{fe} = \frac{i_2}{i_1} = \frac{\frac{v'}{r_C}}{\frac{v}{R}} \tag{4}$$

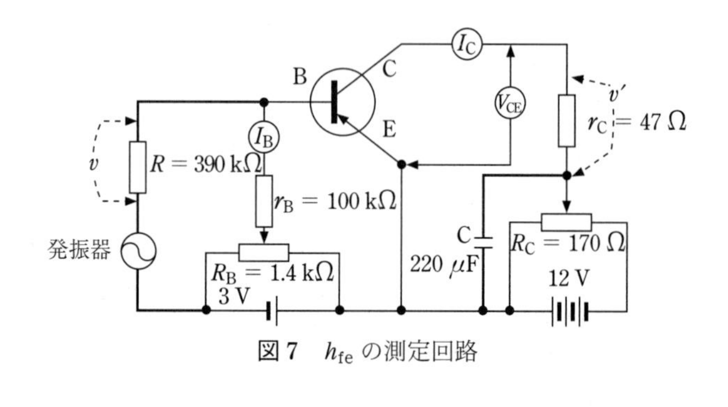

図7　h_{fe}の測定回路

となる．この値と静特性で求めたh_{fe}とを比較せよ．

4）最初に外した電圧計を取り付け，電圧が変化していれば，測定しなおす．

h_{re}の測定：

1）図8のように結線をする．

2）$V_{CE} = -6$ V, $I_C = -1.0$ mA であることを確認してから，電圧計を外してしまう．

3）EB間の電圧v_1とCE間の電圧v_2を測定するとh_{re}は

$$h_{re} = \frac{v_1}{v_2} \tag{5}$$

となる．この場合，r_Bは非常に大きな値であるから入力端子開放とみなせる．

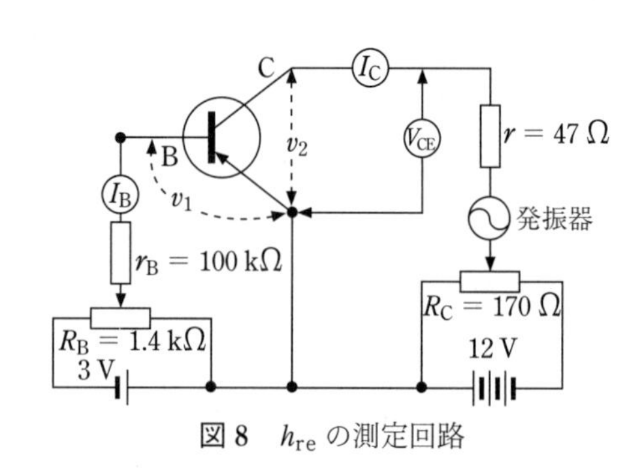

図8　h_{re}の測定回路

4）最初に外した電圧計を取り付け，電圧が変化していれば，測定しなおす．

h_{oe} の測定：

1）図 9 のように結線をする．

2）$V_{CE} = -6$ V, $I_C = -1.0$ mA であることを確認してから，電圧計を外してしまう．

3）CE 間の電圧 v_2 と v_C の両端の電圧 v' を測定すると h_{oe} は

$$h_{oe} = \frac{i_2}{v_2} = \frac{\frac{v'}{r_C}}{v_2} \qquad (6)$$

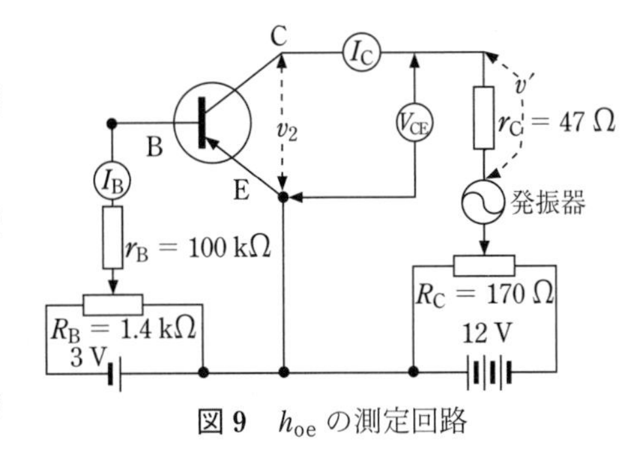

図 9　h_{oe} の測定回路

となる．

4）最初に外した電圧計を取り付け，電圧が変化していれば，測定しなおす．

以上の測定より，トランジスタ 2SA 970 のエミッタ接地の h パラメーターを求める．得られた 4 定数を用いて，与えられたトランジスタの等価回路を書いてみよ（図 2（b）参照）．

ACボルトメーターの使用法：（KENWOOD　VT-183）

1）RANGE の AUTO，HOLD ボタンを押し込んだ状態の AUTO にする．

2）RELATIVE REF つまみを CAL にする．UNCAL ランプは消灯．

3）AC OUTPUT とオシロスコープの CH1 INPUT を BNC-BNC ケーブルで接続する．

4）INPUT に BNC—バナナ端子付きケーブルを接続する．

5）赤いバナナ端子は実験装置の赤い端子に，黒いバナナ端子は接地側の黒い端子（この実験装置では下側にある）に差し込むこと．

6）目盛りの読み取りは，メーター上部に最大目盛り値が表示されるので，それに見合う目盛りを使用する．単位も忘れずに読み取ること．

発振器の使用法：（KENWOOD　AG-203 D）

1）FREQUENCY を 27 Hz に合わす．

2）RANGE の ×10 ボタンを押し込む．

3）WAVEFORM のサインカーブボタンを押し込む．

4）ATTENUATOR を −20 dB にする．

5）AMPLITUDE つまみを 8/10 ぐらいにする．

オシロスコープ（Oscilloscope）の使用法：

p.35「7. 基本的な測定器の使用法　7.3. オシロスコープ　1）波形観測」参照．

参　考：トランジスタの名称

2 SA ○○○	高周波用 pnp 形トランジスタ
2 SB	低　〃　〃
2 SC	高　npn　〃
2 SD	低　〃　〃
2 SJ	P チャンネル電界効果トランジスタ
2 SK	N　〃　〃
3 S	ゲートが 2 個出ている　〃

シリコンPNPエピタキシャル形
2 SA 970
低周波低雑音増幅用

・ 2 SA 970はPNP低周波低雑音トランジスタで低信号源インピーダンスでの雑音指数を小さく設計しており，さらにパルス性雑音が小さく，ステレオやテープデッキなどのイコライザアンプ初段低雑音増幅用として高S/N比特性の実現を容易にします．

・ 直流電流増幅率が高い．　：h_{FE} = 200〜700

・ 高耐圧です．　：V_{CEO} = −120 V

・ パルス性雑音が小さい．　：1/f 雑音が小さい

・ 2 SC 2240とコンプリメンタリになります．

外　　形（JEDEC TYPE TO-92）

最大定格（周囲温度 25℃）

項目	記号		値	単位
コレクタ・ベース間電圧	V_{CBO}	最大	−120	V
コレクタ・エミッタ間電圧	V_{CEO}	最大	−120	V
エミッタ・ベース間電圧	V_{EBO}	最大	−5	V
コレクタ電流	I_C	最大	−100	mA
ベース電流	I_C	最大	−20	mA
コレクタ損失	P_C	最大	300	mW
保存温度	T_{stg}		−55〜125	℃
接合部温度	T_j	最大	125	℃

電気的特性（周囲温度 25℃）

項目	記号	最小値	標準値	最大値	単位
コレクタ遮断電流（V_{CB} = −120 V, I_E = 0）	I_{CBO}	—	—	−0.1	μA
エミッタ遮断電流（V_{EB} = −5 V, I_C = 0）	I_{EBO}	—	—	−0.1	μA
電流増幅率（V_{CE} = −6V, I_C = −1 mA, f = 270Hz）	h_{fe}	200	400	700	
コレクタ・エミッタ間飽和電圧（I_C = −10 mA, I_B = −1 mA）	V_{CE} (sat)	—	—	−0.3	V
ベース・エミッタ間電圧（V_{CE} = −6V, I_C = −2 mA）	V_{BE}	—	−0.65	—	V
トランジション周波数（V_{CE} = −6V, I_C = −1 mA）	f_T	—	100	—	Mc
コレクタ出力容量（V_{CB} = −10 V, I_E = 0, f=1 MHz）	C_{0b}	—	4.0	—	pF
雑音指数（V_{CE} = −6V, I_C = −0.1 mA, f = 1 kHz, R_G = 10 kΩ）	NF	—	—	2	dB

***h* 定数**（標準値）

（エミッタ接地，V_{CE} = −6V, I_C = −1 mA, f = 270 Hz）

項目	記号	標準値		単位
入力インピーダンス（出力短絡）	h_{ie}	12	−	kΩ
電流帰還率　（入力開放）	h_{re}	12.5×10^{-5}		
電流増幅率　（出力短絡）	h_{fe}	400		
出力アドミタンス（入力開放）	h_{0e}	14.5		μ℧

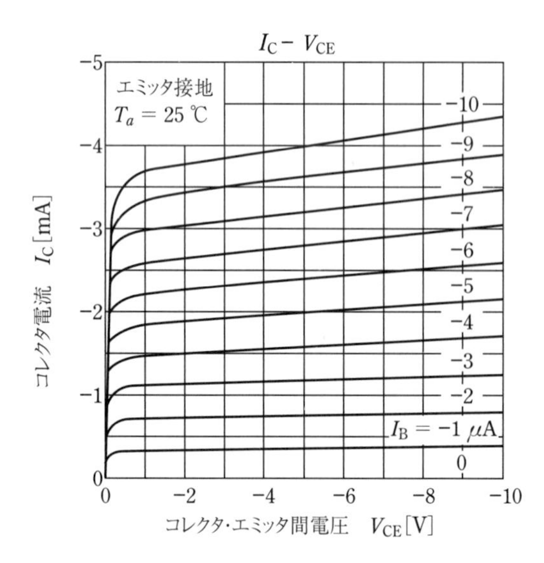
$I_C - V_{CE}$
エミッタ接地
$T_a = 25$ ℃
−10
−9
−8
−7
−6
−5
−4
−3
−2
$I_B = -1\ \mu A$
0
コレクタ電流 I_C[mA]
−5
−4
−3
−2
−1
0
0
−2
−4
−6
−8
−10
コレクタ・エミッタ間電圧 V_{CE}[V]

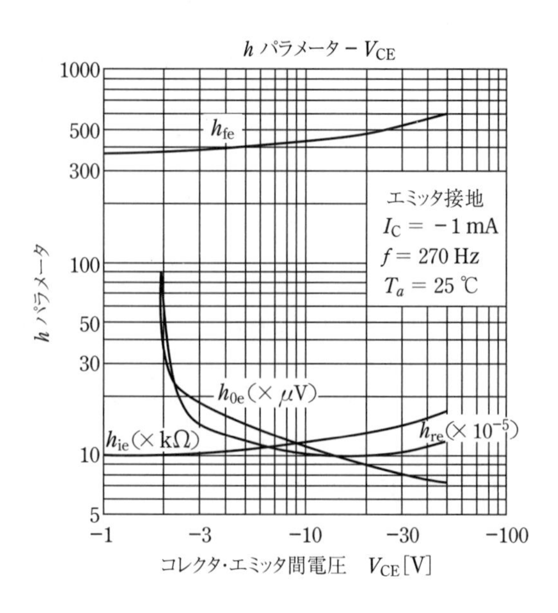
h パラメータ − V_{CE}
1000
500
300
100
50
30
10
5
h_{fe}
エミッタ接地
$I_C = -1$ mA
$f = 270$ Hz
$T_a = 25$ ℃
$h_{0e}(\times \mu V)$
$h_{ie}(\times k\Omega)$
$h_{re}(\times 10^{-5})$
h パラメータ
−1
−3
−10
−30
−100
コレクタ・エミッタ間電圧 V_{CE}[V]

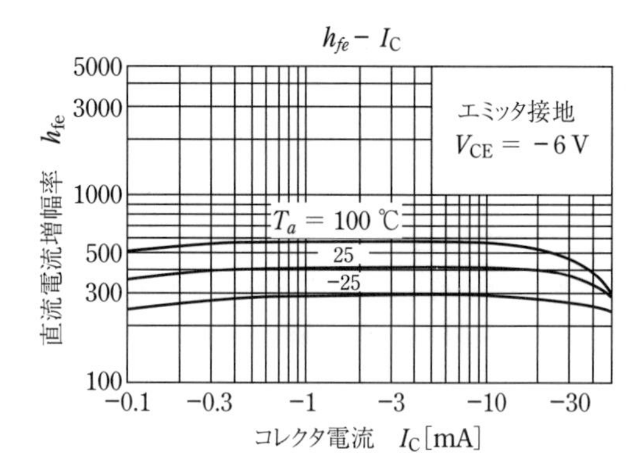
$h_{fe} - I_C$
5000
3000
1000
500
300
100
エミッタ接地
$V_{CE} = -6$ V
$T_a = 100$ ℃
25
−25
直流電流増幅率 h_{fe}
−0.1
−0.3
−1
−3
−10
−30
コレクタ電流 I_C[mA]

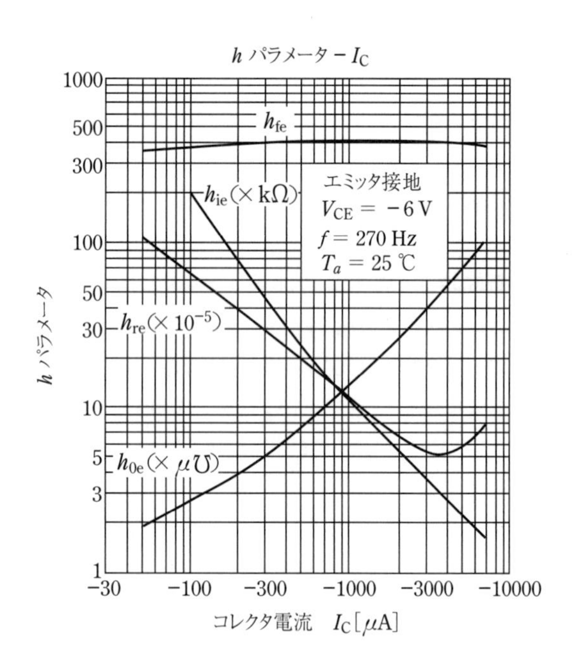
h パラメータ − I_C
1000
500
300
100
50
30
10
5
3
1
h_{fe}
$h_{ie}(\times k\Omega)$
エミッタ接地
$V_{CE} = -6$ V
$f = 270$ Hz
$T_a = 25$ ℃
$h_{re}(\times 10^{-5})$
$h_{0e}(\times \mu ℧)$
h パラメータ
−30
−100
−300
−1000
−3000
−10000
コレクタ電流 I_C[μA]

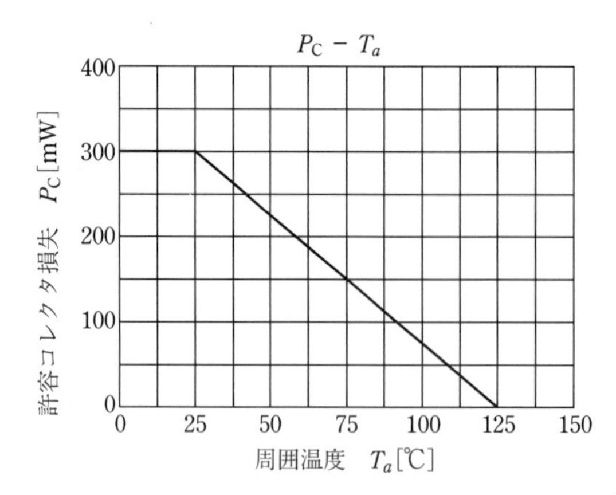
$P_C - T_a$
400
300
200
100
0
許容コレクタ損失 P_C[mW]
0
25
50
75
100
125
150
周囲温度 T_a[℃]

実験 54　地球磁場の測定

概　要：

地球磁場（地磁気）の水平分力

方位磁針の針が南北を指すという性質はよく知られている．磁針にはN極とS極があり，N極は北を指し，S極は南を指す．これは地球が磁石になっているためで，北に磁石のS極が，南にN極があることになる．地球表面から深さ約2900 km〜約5100 kmまでの範囲は外核と呼ばれ，鉄・ニッケルを主成分とする液体金属から構成される．地球磁場（地磁気）は外核内部の液体金属の複雑な対流運動により引き起こされていると考えられている．

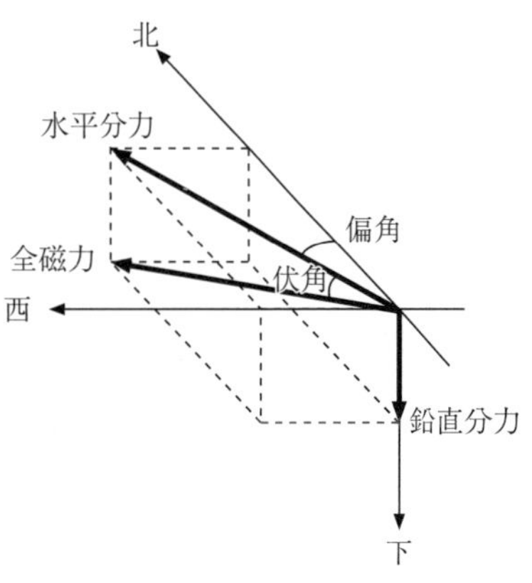

図1　地磁気のベクトル表示

方位磁針は南北を指すと述べたが，正確には北極と南極の向きを指していない．実際，日本付近では地理上の北である真北より西の方へ磁針が約5°〜10° 振れる．磁針の示す北（「磁北」と呼ぶ）と真北のずれの角度を偏角という．

また，北半球では方位磁針の重心を支えると磁針のN極は下を向く．鉛直面内で磁針が自由に回転できるようにしたとき，水平からのずれの角度を伏角という．伏角は赤道付近ではほぼゼロであるが，高緯度になるにつれて大きくなる．われわれが日常使っている磁針は，あらかじめ伏角があることを考慮に入れ，水平を保つように作られている．

地磁気は図1に示すように大きさと向きをもった全磁力と呼ばれるベクトル量である．全磁力を地球上のある位置における水平面と鉛直面に分解したとき，それぞれの成分を水平分力，鉛直分力という．したがって，通常「地球磁場（地磁気）」という場合にはその水平分力を指し，本テキストにおいてもあえて断らない限りその意味で用いることにする．

目　的：電磁石から発生する磁場を利用して地球磁場の大きさを求める．

原　理：電磁石の磁気の大きさは，磁気モーメント M で表される．円形のコイルに電流を流したときの磁気モーメントの大きさ M は，コイルの巻き数 N，コイルの面積 $S\,[\mathrm{m^2}]$，および，電流 $I_\mathrm{c}\,[\mathrm{A}]$ を用いて，

$$M = NSI_\mathrm{c} \tag{1}$$

で表される．M の単位は $\mathrm{A{\cdot}m^2}$ である．ここで I_c についてはオームの法則より，抵抗値が $R_\mathrm{c}\,[\Omega]$ の抵抗をもつコイルの両端に電圧 $V_\mathrm{c}\,[\mathrm{V}]$ を加えた場合に流れる電流として，

$$I_c = \frac{V_c}{R_c} \tag{2}$$

の式より求められる．

磁気モーメントの大きさが M の電磁石によってつくられる磁場は図2の磁力線で示される．電磁石の中心軸（x 軸）上で，磁石の中心からの距離が d［m］における磁束密度の大きさ B_1［T］は d が電磁石の半径よりも十分に大きい場合には，

$$B_1 = \frac{\mu_0 M}{2\pi d^3} \tag{3}$$

で表される．ここで，μ_0（$= 4\pi\times10^{-7}$ T・m/A）は真空の透磁率である．

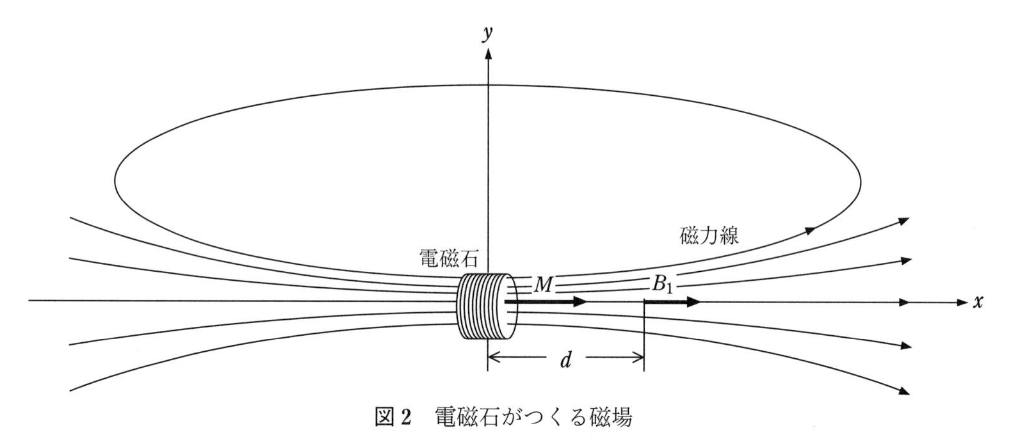

図2　電磁石がつくる磁場

この電磁石が作る磁束密度の向きが地球磁場（地磁気）の向きと垂直になる位置に電磁石を配置すると（図3），合成された磁束密度 $B_{合成}$［T］の向きは東西方向から傾く．地球磁場の大きさを B_0［T］とし，東西方向から測った傾きの角度を α とすると，$\tan\alpha = \dfrac{B_0}{B_1}$ であるから，式(3)より，

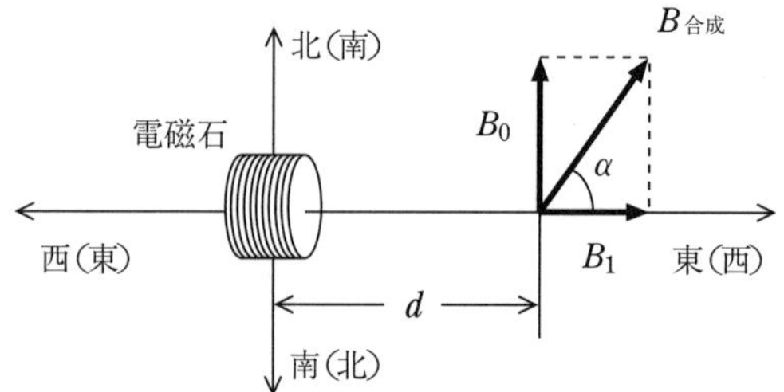

図3　地球磁場 B_0 と電磁石が作る B_1 との合成ベクトル

$$B_0 = \frac{\mu_0 M \tan\alpha}{2\pi d^3} \tag{4}$$

と求められる．したがって，M があらかじめわかっている電磁石を用いて，d と α を測定すれば地球磁場の大きさ B_0 を求めることができる．

<u>実験方法</u>：

1）ノギスを用いてコイルの外径 D_{out}［m］を測定し，コイルの面積を求める．p.140の注意2）を参照すること．

2）テスターを抵抗測定モード（Ω）に変えて，何もつながない状態でのコイルの抵抗 R_c を

測定する．

3）リード線を用いて乾電池の入った電池ボックスとコイルを接続し，コイルに電流を流す．続いてテスターを直流電圧測定モード（DCV）に変えて，コイルの両端の電圧 V_c を測定し，コイルに流れる電流 I_c を求める．

4）式(1)より，電磁石の磁気モーメント M を求める．

5）次に，A4サイズのグラフ用紙を準備し，図4(a) に示すように，あらかじめ東西南北の方向を記載した座標軸を用紙に書いておく．

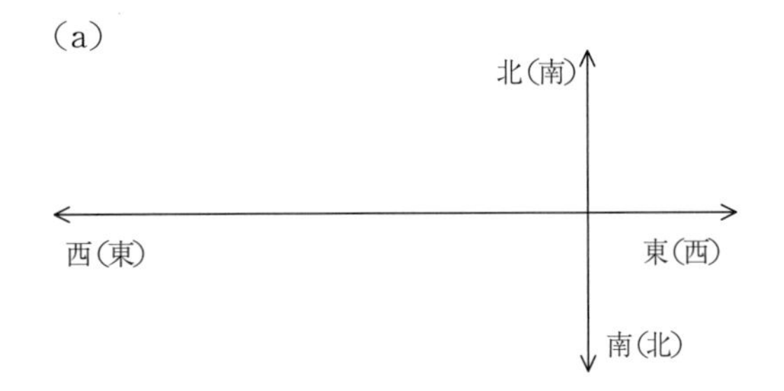

6）図4(b) のように，台座に乗せた方位磁針の中心がグラフに書き込んだ原点（東西南北の線の交点）と重なるように置く．このとき，方位磁針の針が北を指す向きとグラフ用紙の北の向きを合わせる．グラフ用紙を机上にテープで固定する．

7）まだ電池につながない状態で，台座に乗せたコイルの中心軸が東西方向を向き，かつ，その中心から方位磁針の中心までの距離が 10 cm となるように，コイルをグラフ上に配置する．

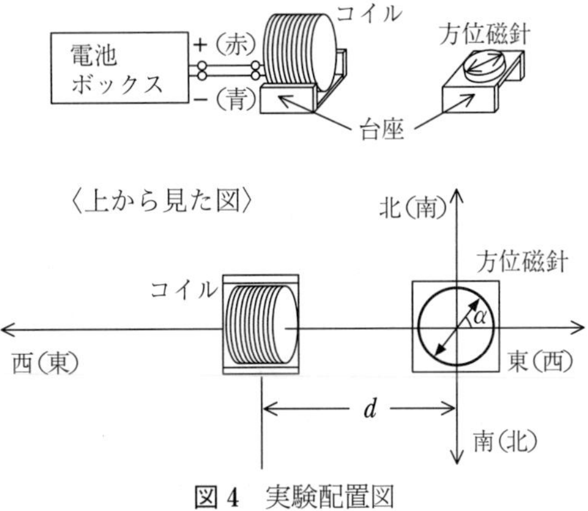

図4 実験配置図

8）次に，電池とコイルを配線でつないで，方位磁針の振れ角 α_+ の値を測定する．ただし，方位磁針の針が東（西）を向いているときは $\alpha_+=0$ であることに注意せよ．

9）コイルを東西方向に動かし，方位磁針の中心からコイルの中心までの距離 d がおよそ 10 cm〜20 cm の範囲で変えて，少なくとも 7, 8 か所の位置でそれぞれ α_+ を測定する．p.141 の表1を作成する．ただし，$20°<\alpha_+<70°$ となるように d を設定せよ．

10）続いて，コイルにつないである配線の＋と－の端子を互いに入れ替えて接続し直し，磁束密度 $\boldsymbol{B}_1$ の向きを反転させる．方位磁針の示す振れ角 α_- の値を測定する．このとき針の示す向きは，8）または9）で示した向きが北東なら北西（北西なら北東）の向きとなる．$\boldsymbol{B}_1$ を反転させる前の振れ角 α_+ の値と一致することを確かめよ．

11）$\boldsymbol{B}_1$ の向きを反転させたまま，9）での同じ d に対して α_- を測定する．

12）α_+ と α_- の平均値を α とし，d^3 と $\tan\alpha$ の関係をグラフに描く．

13）グラフにプロットしたすべての点を通るような（フィットする）直線を引き，直線の傾き C

を求める．ここで $C=\dfrac{\tan\alpha}{d^3}$ であるから，式(4)より，地球磁場の大きさとして，

$$B_0=\frac{\mu_0 MC}{2\pi} \tag{5}$$

が得られる．

14）もう1つのコイルについて，1)〜4)，および7)〜13）の同様の測定を行い，地球磁場の大きさを求める．

注　意：

1）振れ角 α の測定中，金属製のものさしなどを近づけないようにせよ．

2）コイルの面積を求めるにあたっては，コイルの断面を示した図5を参考にせよ．なお，コイルの外側には薄いビニール被膜が貼ってあるが，その厚さは無視してよい．

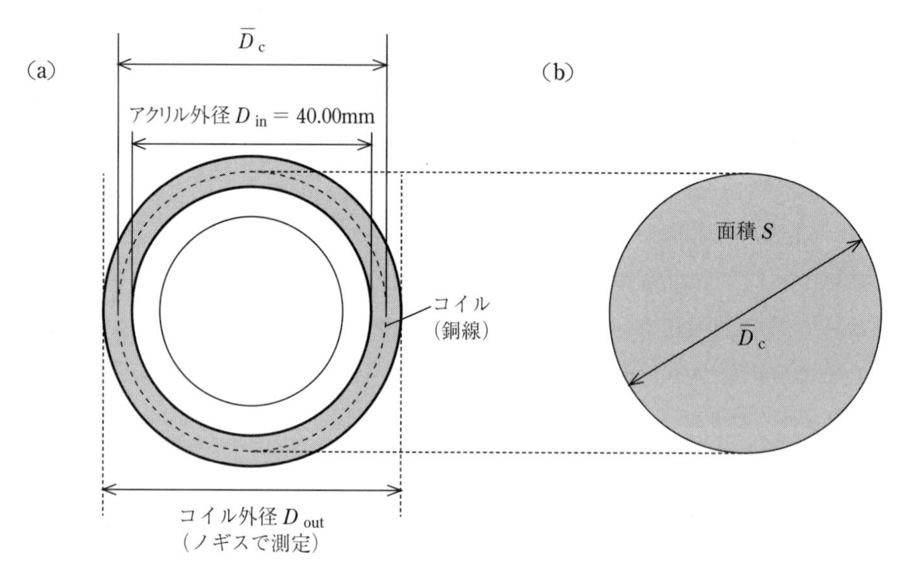

図5　コイルの断面図

図5(a)で示すように，コイルの内径 D_{in} [m] はコイルを巻いたアクリル管の外径に等しく，この場合 40.00 mm である．一方，コイルの外径 D_{out} は実験方法の1)で得られた測定値を用いる．これらにより，コイルの直径 $\overline{D}_c$ [m] は，

$$\overline{D}_c=\frac{(D_{in}+D_{out})}{2}=\frac{(40.00\times10^{-3}+D_{out})}{2} \tag{6}$$

より算出できる．したがって，コイルの面積としては図5(b)で示すような直径 $\overline{D}_c$ の円の面積を求めればよいことがわかる．すなわち，その面積 S は $S=\pi\times\left(\dfrac{\overline{D}_c}{2}\right)^2$ で求められる．ただし，直径の値として少なくとも有効数字3桁の精度で算出することに注意せよ．

3）測定データは以下のような表1を作成してまとめよ．さらに d^3 と $\tan\alpha$ との関係について

は図6に示すように，横軸に d^3，縦軸に $\tan\alpha$ をとったグラフ上にプロットしながら，データを取得すること．

表1　d と α の測定データ，および，d^3 と $\tan\alpha$

d [m]	α_+ [°]	α_- [°]	α [°]	d^3 [m^3]	$\tan\alpha$

図6　d^3 と $\tan\alpha$ の関係

参　考：

1) 2019年5月20日以降，新しい国際単位系（SI単位系）では，真空の透磁率 μ_0 は定義値（$= 4\pi\times10^{-7}$ T・m/A）ではなく，測定値（$= 1.2566\times10^{-6}$ T・m/A）となった．

2) 理科年表によると，淡路（兵庫県）での地磁気（の水平分力）の値は以下で与えられる．

$$B_0 = 3.13\times10^{-5}\,\mathrm{T}$$

3) その他，磁場の大きさの目安としていくつかの例を表2に示す．

表2　いろいろな磁場の大きさ［単位 T］

脳磁場（α 波）	$\sim10^{-12}$
心臓磁場（心磁図）	$\sim10^{-10}$
ネオジム磁石（希土類磁石）表面磁場	～0.5
超電導リニアモーター浮上用磁場	～1
医療用核磁気共鳴画像法（MRI）用磁場	0.5～1.5
中性子星の表面付近での磁場	$\sim10^{8}$

実験 61　光電管特性の測定

概　要：

光電効果

金属中の電子の一部は，個々の正イオンに補捉されず，金属全体の中を自由に動き回ることができる．このような電子を金属中の自由電子と呼ぶ．このような自由電子は，金属内こそ自由に移動できるが，正イオン全体からの引力のため，金属の表面から外へ飛び出すことはできない．プールの中の水を想像すればよい．プールの中の水に噴水のような機構でエネルギーを与えれば，その水はプールの外に飛び出すことができる．それと同じように，金属中の自由電子にエネルギーを与えれば，イオン全体の引力に打ち勝って金属の外へ電子が飛び出すことができる．金属に光を当てて，光のエネルギーを電子に加えて，電子が金属の外に飛び出す現象を光電効果と呼ぶ．このような過程で金属中から放出された電子を光電子と呼ぶ．光電効果を引き起こし電子が金属中から飛び出すためにはある一定以上のエネルギーを電子に与える必要があるが，単に多量の光を金属に当てればよいわけではない．光が電子にエネルギーを与える場合（光と電子の相互作用）では光も粒子的に振る舞うことがわかっている．その粒子を光子と呼び，1 つの電子と 1 つの光子がエネルギーのやりとりをする．光子のエネルギーは，光の波長（あるいは周波数）によって決まっている．周波数が ν の光子 1 つのエネルギーの大きさ ε は，$\varepsilon = h\nu$ で与えられる．h をプランク定数と呼ぶ．$h = 6.6 \times 10^{-34}$ J·s である．光電効果の起こりやすい金属面を特に光電面と呼ぶことがある．通常の光電面に対しては，可視光の範囲では光電効果が起こるが，同じ光電面に対して波長の長い（周波数の小さい）赤外線では光電効果が起こらないことが確認されている．

目　的：光電管の光電流特性を測定する．光電管の感度を測定する．

原　理：金属の表面を光（一般的には電磁波）で照らすと，その表面から電子が飛び出す．このような現象を光電効果（Photoelectric effect）といい，このようにして出てくる電子のことを光電子（Photo-electron）という．

光電管（Photoelectric tube，Photocell）はこの応用であって，光の変化を電流の変化に置き換えることができる．光電管の構造は図 1 に示すように，真空ガラス球の中央に陽極（図の A）を取り付け，ガラス球内面にアルカリ

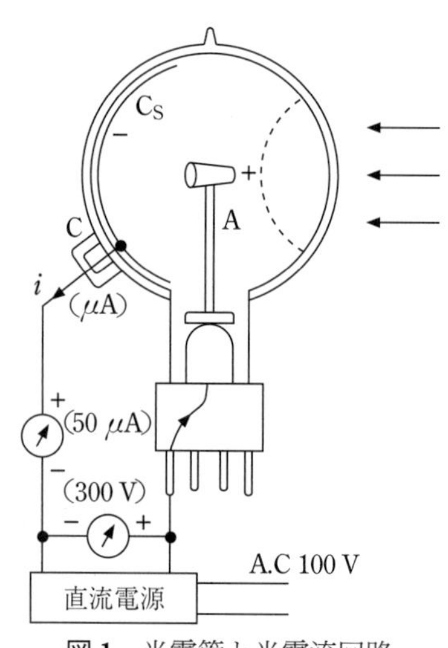

図 1　光電管と光電流回路

金属またはアルカリ土類金属を蒸着し（図の Cs），これを陰極（図の C）とした二極管である．普通 Cs（セシウム）光電管を使うのは，光の波長 λ に対する光電流の分布状態が可視光線域で人の眼の感度曲線とほぼ一致するからである．

光−電子変換効率，すなわち光の単位量（強さ）に対する発生光電流の大きさを感度という．感度は材質，光の波長，電界の大きさそして光電管の構造で決まる．

実験方法：

1）光束−電流特性

図 2 に示すように，光源（電球）と光電管とを光学台（Optical bench）上に置き，光電管の陽極電圧 V_a を一定値に保ち，距離 r を変化させたときの光電流 i を測定する．

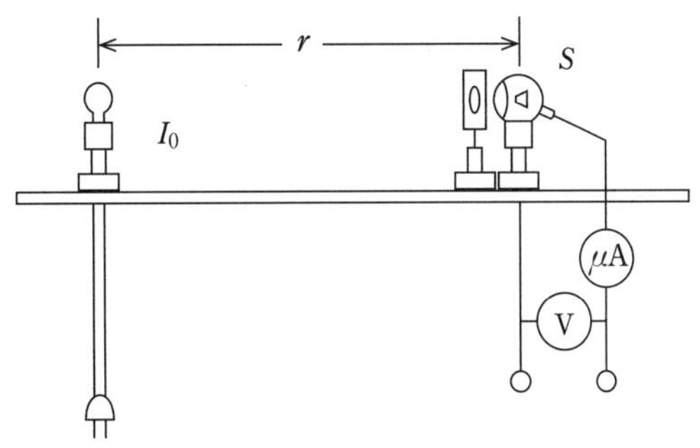

図 2　実験装置の主要部

光源の光度を I_0，光電管の受光面積を A とすると，光電管に入る光束は，

$$F = I_0 \frac{A}{r^2} \tag{1}$$

であるから，光束 F と光電流 i との関係を求めることができる．光度 I_0 は電球の定格電圧（100 V）のとき 100 cd である．次に陽極電圧 V_a を種々変化させ（すなわち，V_a をパラメーターとして）これらに対する F, i 間の関係を求める（図 4）．これらの特性曲線から光電管の感度 S [μA/lm] を算出する．

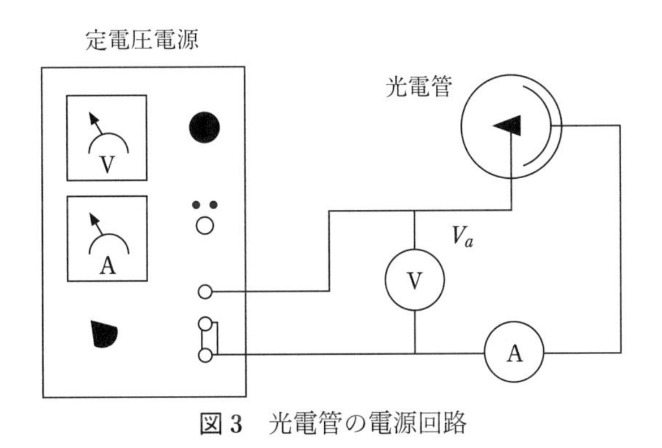

図 3　光電管の電源回路

2）電圧—光電流特性

距離 r を一定に保ち（すなわち，光電管に入る光束を一定に保ち），V_aの変化に対する光電流 i の変化を調べる．V_aを変化させ F をパラメーターとした V_a，i の関係を求める（図 5)．これらの特性曲線から光電管の感度 S [μA/lm] を算出する．

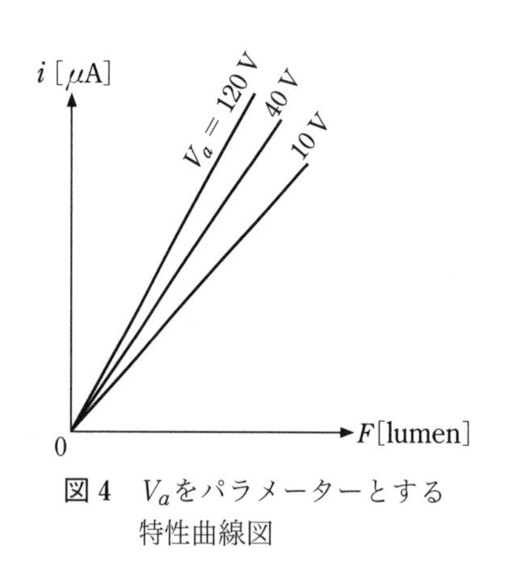

図 4　V_aをパラメーターとする特性曲線図

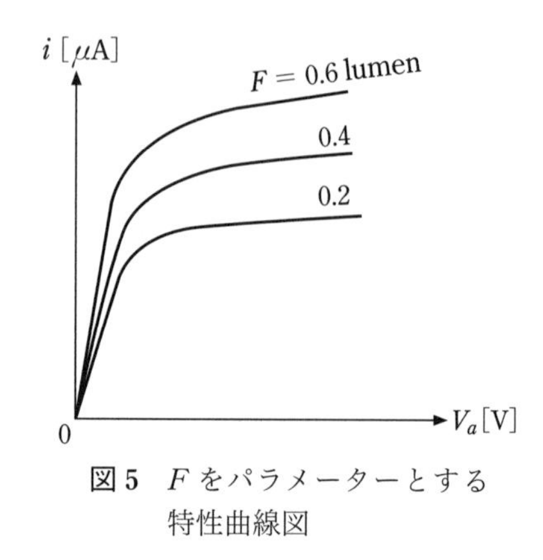

図 5　F をパラメーターとする特性曲線図

注　意：

1）基本結線はすでに行ってある（終了時に結線を外さないこと）．

2）電球をあまり光電管に近づけすぎないこと．

3）i は 30 μA を超してはいけない．PV 32（PS-50-V）

4）電圧計，電流計の文字板に描かれている ⊓ の記号は，文字板を水平にして測定せよという意味である．垂直な状態で測定しないように注意せよ．

5）電球のフィラメントの方向により，光度が変化する．光度が最大になる方向で，測定せよ．

6）ルーメン（lumen ≡ lm）：1 lm = 1 cd･sr（カンデラ・ステラジアン）である（理科年表より）．

参　考：

1）光電効果において当てる光の波長が，ある限界よりも長いと光の強さをいくら強くしても光電子は現れない．この限界波長は，光を当てる物質の種類およびその表面の性質によって定まり，多くの純粋な金属ではその波長は紫外線にあるが，セシウム Cs の酸化物の表面などでは可視光線あるいは赤外線の部分にある．限界波長よりも短い波長の光を当てて飛び出す光電子の速さ（したがって，そのエネルギー）は，波長が短いほど大きい．光の強さを増せば放出電子の数は増すが，個々の光電子の運動のエネルギー（あるいは速さ）は波長が一定ならば変わらない．これらの事実は光電子説の重要な実験的根拠となっている．

アインシュタインの光量子説によると，振動数 ν の光は $h\nu$ のエネルギーをもった粒子のように作用する．ここに h はプランクの定数である．このことから1個の電子を物体表面より取り出すのに要する最小のエネルギーを W とすると，金属表面から飛び出す電子の運動エネルギー $\frac{1}{2}mv^2$ は

$$\frac{1}{2}mv^2 = h\nu - W$$

で表される．

したがって，$h\nu$ が W より小さいとき，すなわち

$$\nu < \frac{W}{h}$$

なる振動数の光を当てたのでは，どんなに強い光でも電子が飛び出さない（$\frac{1}{2}mv^2$ が負になるのでそのような事は起こらない）として理解される．

2) 水銀柱で 10^{-4} mmHg 程度以上の真空にし，その中で金属を蒸発させると，金属の原子は途中で気体分子などに衝突することなくガラス壁に到着して固着する．これが真空蒸着である．

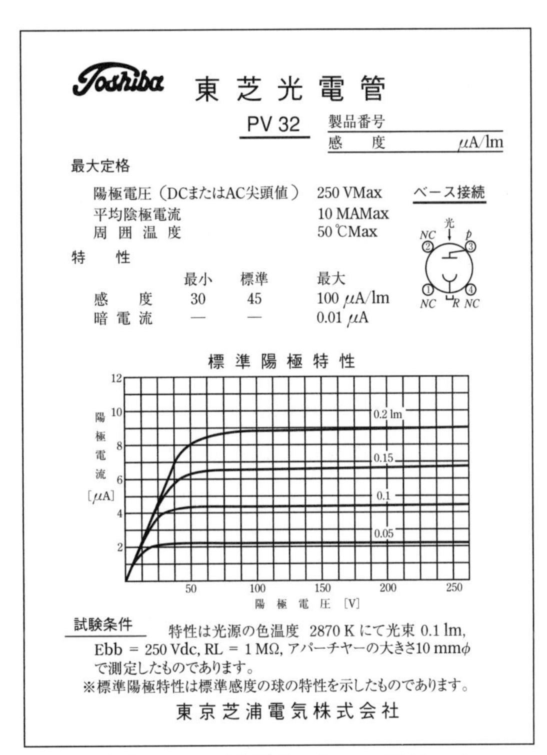

図6　参考データ（光電管は個々の製品によってバラつきが大きく，標準値は参考値である）．

実験 62　光のスペクトルの測定

<u>目　的</u>：分光器を用いて，気体，固体から発光する光のスペクトルを観測し，それぞれの特徴を調べる．また，高温の固体から発光する光の強度と温度の関係を観測して，プランク定数 h を求める．

<u>原　理</u>：太陽からの光は，一見白く見えるが，実際は多くの波長（色）の光が混じりあったものである．このような光のスペクトルを連続スペクトルと呼ぶ．一方，トンネルの照明などに使用されているナトリウムランプの光は，単一の波長の光であり，これを輝線スペクトルと呼ぶ．

高温の物体からの連続スペクトル光は，それらの物質中の自由電子に由来しており，波長とスペクトル強度の関係は，物質の温度に依存する．理想的な黒体（p.150 参考 2）からの波長 λ の光の放射強度 $I(\lambda)$ と温度 T との関係は次式で表される．

$$I(\lambda) = 2\pi hc^2 \frac{\lambda^{-5}}{\exp(hc/kT\lambda) - 1} \tag{1}$$

ここで，h はプランク定数，c は光速，k はボルツマン定数である．また，T は絶対温度で，摂氏温度 t [℃] との関係は，T[K] $= t + 273$ である．いくつかの波長について，放射強度と温度の関係を観測し，式(1)にあてはめることによって，量子力学において重要な役割を示すプランク定数 h の値を求めることができる．

一方，輝線スペクトル光は，原子に束縛された電子に由来している．すなわち，原子に束縛された電子の状態は，その原子に固有のものがいくつかあり，それぞれの状態に対応して，原子のエネルギー準位が定まる．エネルギーの高い準位から低い準位へ移るとき，そのエネルギー差に対応した波長の光が放射される．したがって，輝線スペクトルは，それぞれの物質（原子）に固有のものである．

この実験では，種々の光源からの光を，プリズム分光器，回折格子分光器を用いて観測し，それらの光のスペクトルの特徴を調べる．また，連続光の観測からプランク定数を求める．

人間の目で見える波長範囲はおよそ 400 nm〜700 nm（1 nm $= 10^{-9}$ m）である．図 1 に波長と色の関係を示す．

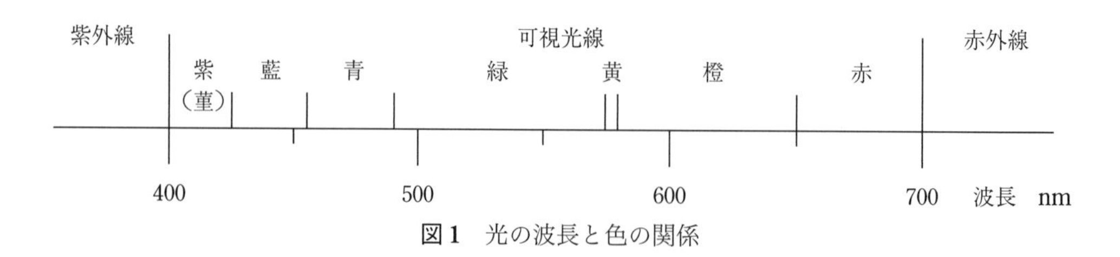

図 1　光の波長と色の関係

実験装置：

1．プリズム分光器

ガラスの屈折率は，光の波長によって異なる．したがって，同じ入射角でガラスに入った光でも，波長ごとに屈折角が異なるので，光線が分かれる．このことを利用したのが，プリズム分光器である．

図2で，入射スリットを通過した光は，プリズムによって分光され，観測用の望遠鏡に入る．望遠鏡を覗くことによって適当な波長範囲のスペクトルを肉眼で観測することができる．望遠鏡の角度を変えることによって，観測するスペクトル範囲を変えることができる．

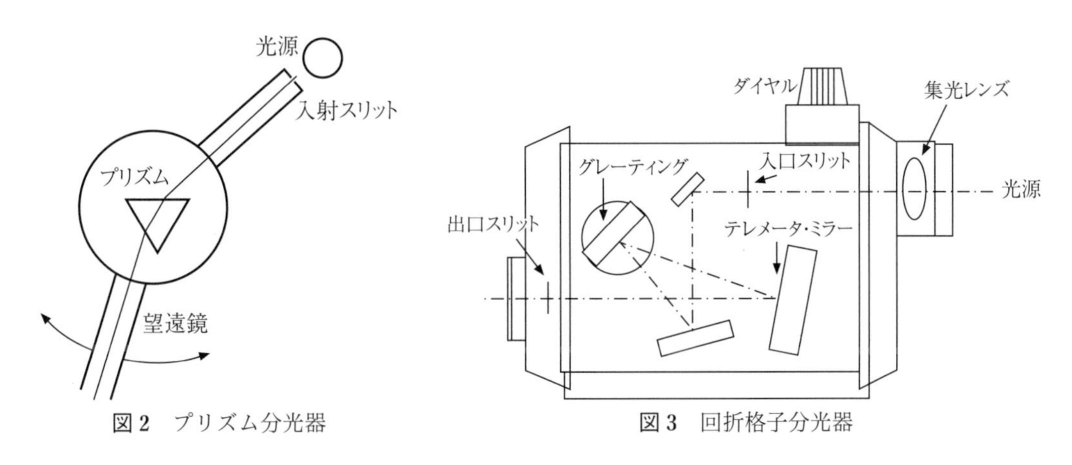

図2　プリズム分光器　　図3　回折格子分光器

2．回折格子分光器

ガラスなどの表面に非常に細かい間隔で（たとえば，1000本/mm）溝を作り，そこへ光を当てると，表面から出た光は干渉しあって，特定の方向で強く光る．その方向は，波長によって異なるので，それを利用して光のスペクトルを観測することができる．

図3で，集光レンズを通った光は，ミラー，回折格子（グレーティング）を経て，出口スリット側へ達する．回折格子によって，波長ごとに光線の方向が異なっているので，スリットを通過するのは，特定の波長の光のみである．スリットの幅を調整することによって，観測するスペクトル幅を小さく設定できるので，ある特定の波長の光を測定するのに適している．回折格子の向きを変えることによって，観測する波長を変えることができる．観測する波長は入射レンズ側にあるダイヤルを回して設定する．光の強さを電気信号に変換するため，出口スリットの後ろに，光電子増倍管を設置してある．分光された光は，光電子増倍管によって電気信号に変換される．出力電圧を読み取ることによって，光の強さ I を知ることができる．

観測する際には，回折格子分光器の集光レンズを光源から30 cm離して設置する．メインアンプ（図4）のPOWERをONにして，DETECTORをPMTにする．光電子増倍管にかける高電圧（HIGH VOLTAGE）を300 V（放電管のとき），500 V（電球のとき），アンプのゲインを1に設定する．出力は，メーター（電圧計），またはアンプのパネル面のディジタル

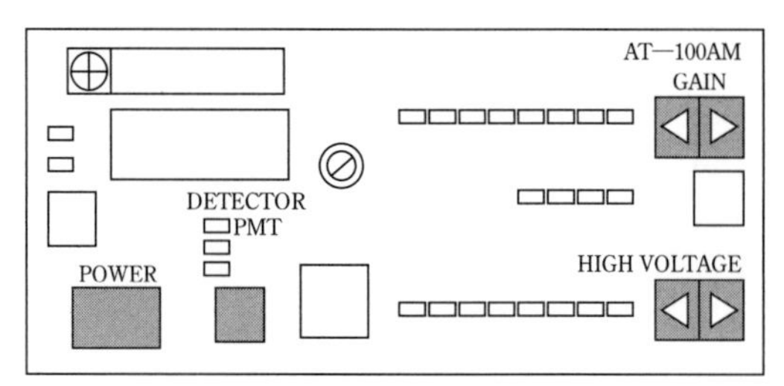

図 4　光電子増倍管用メインアンプ

表示で読む．波長設定用のダイヤルはゆっくり回すこと．

3. 光　源

1. 白熱電球

白熱電球では，タングステンフィラメントに電流を流し，そのとき発生する熱でフィラメントを高温にして，光を出している．この実験では，フィラメントに加える電力を変えることによって，フィラメントの温度を変化させ，光強度の温度による違いを観測する．

2. 放　電　管

真空管の中に，微量の気体を封入してある（図5）．フィラメントを熱してから，フィラメント間に高い電圧を加えると，放電が起きる．この放電によって，電子が気体原子に衝突して，原子をエネルギー準位の高い状態に励起する．励起された原子がよりエネルギーの低い準位へ移るときに，そのエネルギー差に対応した波長の光を放出する．エネルギー差 E と波長 λ の関係は，$E(=h\nu)=hc/\lambda$ で与えられる．ここで，h はプランク定数，c は光速，ν は振動数である．エネルギー準位は，原子によって固有のものなので，放電管からの光は封入したガスによって異なる．また，エネルギー準位は，いくつもあるので，1 種類の原子から複数の輝線スペクトル光が放射されることもある．

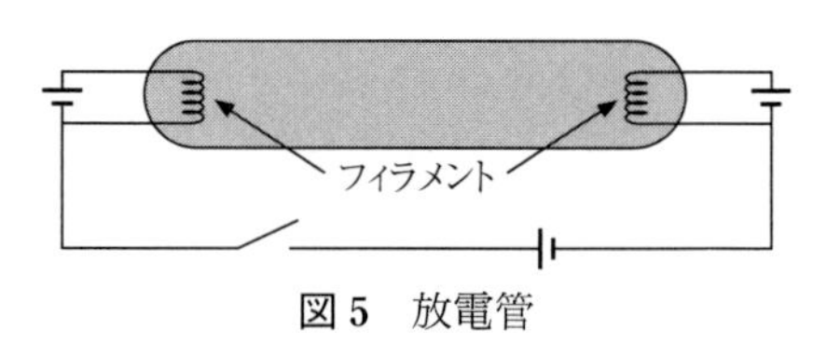

図 5　放電管

この実験では，金属を封入した放電管を使用する．金属の蒸気が微量に存在するので，放電によって金属原子からのスペクトル光が得られる．この実験では水銀放電管を用いる．

4. 光温度計

高温の物体の温度を計測するのに，物体から発せられている可視光の輝度を測定して温度を定めるのが，光温度計である．測定の原理を図 6 に示す．高温の物体と，光温度計内のフィラメントを同一の視野に入れ，フィラメントを加熱して，輝度が同じになるように調整する．そのときのメーターの読みで物体の

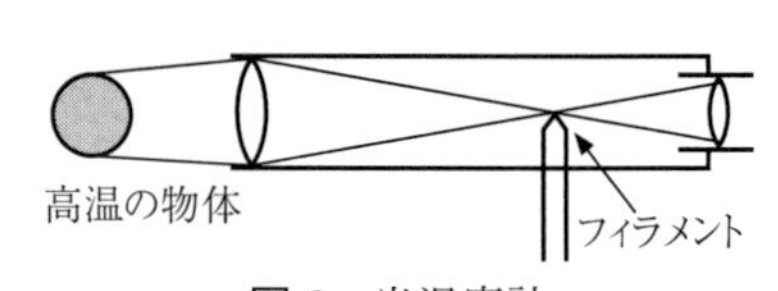

図 6　光温度計

温度がわかる.

実験方法：

1）スペクトルの観測

1−1）プリズム分光器による観測

白熱電球，水銀放電管，蛍光灯からの光をプリズム分光器を通して目で観察し，それぞれの特徴を調べる.

・白 熱 電 球：連続的に色が変化していることを確認する（連続スペクトル）.
色がどういう順序に並んでいるか記録する.

・水銀放電管：数本の輝線があることを確認する（輝線スペクトル）.
色，並んでいる順序を記録する.

・蛍　光　灯：連続スペクトルと輝線スペクトルを合わせたようになっているのを確認する.

1−2）回折格子分光器による観測

回折格子分光器によって水銀放電管からの輝線スペクトル光の波長とその強度 I を測定する．これによりプリズム分光器を使って肉眼で観測した輝線スペクトルの色と波長を対応させる.

2）プランク定数 h の測定

h を求めるために，500 nm〜700 nm（$1\ \mathrm{nm} = 10^{-9}\ \mathrm{m}$）の範囲内の任意の 3 通りの波長（$\lambda_1, \lambda_2, \lambda_3$）について白熱電球の連続スペクトル光放射強度 I と電球のフィラメントの温度の関係を測定する.

(1) 回折格子分光器の波長を λ_1 に設定する.

(2) 電球に加える電圧 V を変えることによって電球のフィラメントの温度を変化させることができる．電圧 V を 60 V〜130 V の範囲で 7 点ほど選び，それぞれの電圧 V に対して，フィラメントの温度を光温度計で，光の放射強度 I を回折格子分光器で計測することにより，温度 T と波長 λ_1 の放射強度 I の関係が得られる.

(3) 波長 λ_2 について測定する．この場合，V と T の関係は (2) で測定されているので，V と I の関係だけでよい.

(4) 波長 λ_3 について測定する.

以上のデータより h を求める.

温度 T が 2000 K 以下においては，可視光に対して $hc/kT\lambda \gg 1$ なので，式 (1) において $\exp(hc/kT\lambda) \gg 1$ となり，$I(\lambda) \propto \exp(-hc/kT\lambda)$ となる．$1/T = \alpha$ とおけば，$I = I_0 \exp($−

$(hc/k\lambda)\alpha) = I_0 \exp(-\alpha/\alpha_0)$ と表せる．ここで，$\alpha_0 = k\lambda/hc$ である．実験データを片対数グラフ用紙に横軸を α，縦軸を I としてプロットすれば，図7のような右下がりの直線が得られる．その直線から，α_0 を求めることができる（参考1）．$h = k\lambda/c\alpha_0$ だから，グラフから求めた α_0 と k, c および λ の値からプランク定数 h が求められる．

$$c = 2.998\times10^{8}\,\mathrm{m/sec},\ k = 1.381\times10^{-23}\,\mathrm{J/K} \qquad (2)$$

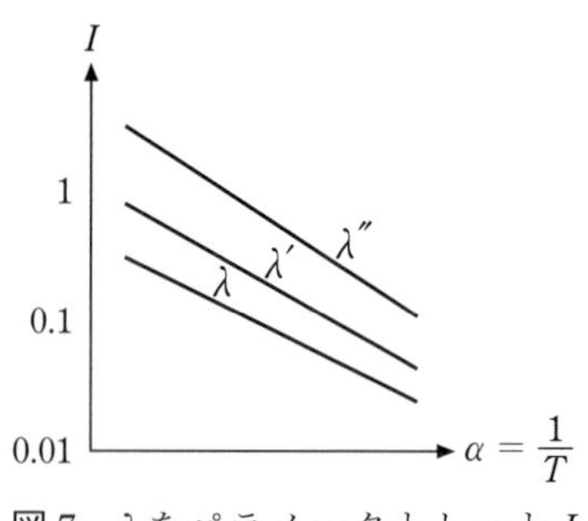

図7　λ をパラメータとし α と I の関係

注　意：実験終了後は電圧調整器のコンセントを抜いておくこと．

（参考1）片対数グラフ

$I=I_0\cdot\exp(-\alpha/\alpha_0)$ の関係があるとき，両辺の対数をとれば，$\log(I/I_0) = -\log e\cdot(\alpha/\alpha_0)$ となる．したがって，片対数グラフ用紙の横軸 α に，縦軸（対数目盛り）に I をとってプロットすれば，直線が得られる．その直線から，α_0 の値を求めることができる．

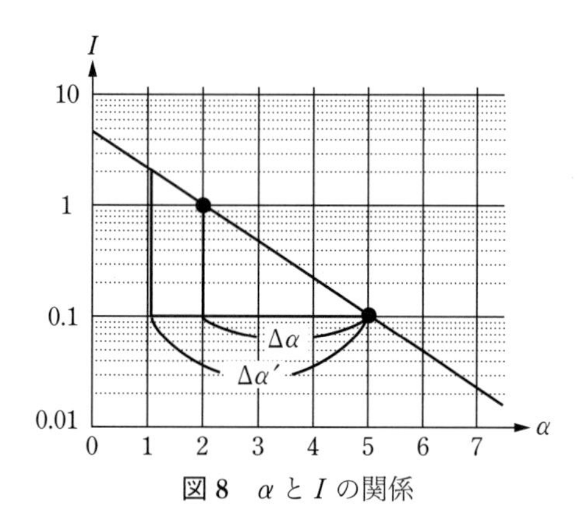

図8　α と I の関係

図8において，I の値が1桁変化するための α の変化量を $\Delta\alpha$ とすれば，$\alpha_0 = \log e\cdot\Delta\alpha = 0.434\,\Delta\alpha$ となる（$e^{-3} \simeq 1/20$ なので，I の値が1/20に変化するための α の変化量を $\Delta\alpha'$ として，$\alpha_0 = (1/3)\cdot\Delta\alpha'$ となることを覚えれば便利である）．

（参考2）黒体輻射スペクトル

ある物質の表面に入射した光を全波長にわたってすべて吸収する物質を黒体という（“黒い”という状態は，光をまったく反射しないことによる）．ただし，黒体それ自身は熱放射をしている．常温ではこの熱放射は弱くて，肉眼には真っ黒に見えるだけだが（微量ながら，赤外線などを放射してはいる），温度が高くなると可視光を放射するようになる．この黒体からの輻射スペクトルは，温度に依存していて，次式で与えられる．

$$I(\lambda) = 2\pi hc^2 \frac{\lambda^{-5}}{\exp(hc/kT\lambda)-1} \qquad (1)$$

この黒体輻射スペクトルをいくつかの温度 T についてグラフにすると，図9のようになる．この図より，温度が高くなるに従って，輻射強度が全体的に強くなること，および輻射強度のピークが短波長側へ移動することがわかる．ピークに対応する波長は温度 T に反比例する．$T=2000\,\mathrm{K}$ 程度では，輻射のピークは波長が可視光よりも長い赤外線の領域にある．したがって，白熱電球では，エネルギーの大部分は赤外線の形で放出されている．

式(1)を波長λについて積分することで，温度Tにおける全放射強度Pが得られる．その結果は，$P(T)=AT^4$となる．この結果はStephan-Boltzmannの輻射法則として知られている．

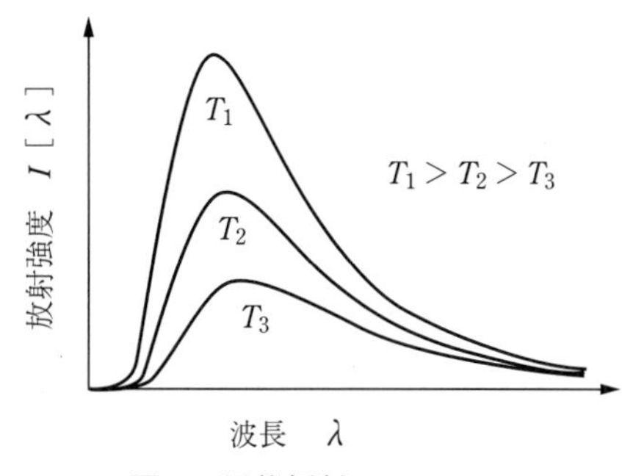

図9　黒体輻射スペクトル

参　考：「4. グラフ　4.2. 対数方眼紙の使い方」(p.10)参照.

補　足：

原子の線スペクトル

原子は正の電荷をもつイオンのまわりに負の電荷をもつ電子が存在している．電子は，イオンのまわりを自由に運動しているわけではなく，ある特定の状態に制限されている．その状態は単一ではなく，いくつかのエネルギーの異なった状態が存在する．ただ，電子はそれらの状態のどれかに必ず存在する．エネルギーの最も低い状態を基底状態と呼び，それよりエネルギーの高い状態を励起状態と呼ぶ．それぞれの状態のエネルギーは飛び飛びの値をもっている．ある励起状態から，それよりエネルギーの低い励起状態（あるいは基底状態）へ電子が移るとき（電子の遷移），電子は電磁波を放出する．そのときの電磁波のエネルギーは，2つの状態のエネルギー差に等しい．ただし，このときの電磁波は粒子的に振る舞うことがわかっている．その粒子を光子と呼ぶ．電子の遷移によって放出される光子のエネルギーは自由な値をとることはなく，2つの状態間のエネルギー差に等しい．光子のエネルギーは，光の波長（あるいは周波数）によって決まっている．したがって，電子の遷移によって放出される光の波長は，それぞれの原子に特定のものに限られる．電子のエネルギー状態に起因する原子に特有のスペクトルを線スペクトルと呼ぶ．周波数がνの光子1つのエネルギーの大きさεは，$\varepsilon=h\nu$で与えられる．hをプランク定数と呼ぶ．$h=6.6\times10^{-34}$J·sである．

連続スペクトル

固体や，気体中の電子は，特定のエネルギー状態に制限されず連続的なエネルギー分布をしている．このような物質と光子が熱平衡状態にあるとき，物質から放射される光の輻射を黒体輻射と呼び，その波長スペクトルは連続的となる．波長に対するスペクトル強度は，物質の温度に依存して

$$I(\lambda)=2\pi hc^2\frac{\lambda^{-5}}{\exp(hc/kTc)-1} \tag{1}$$

となり，これを黒体輻射スペクトルと呼ぶ．

プランク定数

上記のように周波数がνの光子1つのエネルギーの大きさεは，$\varepsilon = h\nu$で与えられる．hをプランク定数と呼ぶ．一方，ミクロの世界（原子，分子）を取り扱う量子力学では，粒子の位置と運動量とは，同時に完全に決定（観測）することはできない．位置の精度をΔx，運動量の精度をΔpとすると，$\Delta x \cdot \Delta p > h$となる．これを不確定性原理という．ここで現れる$h$がプランク定数であり，量子力学で重要な量である．$h = 6.6 \times 10^{-34}\,\mathrm{J \cdot s}$である．

編集委員

原田義之　大阪工業大学　工学部
藤元　章　大阪工業大学　工学部
長谷川尊之　大阪工業大学　工学部
谷　保孝　大阪工業大学　工学部
明　孝之　大阪工業大学　工学部
鳥居　隆　大阪工業大学　ロボティクス＆デザイン工学部

物理学実験　2024

2014年 2 月20日　第 1 版　第 1 刷　発行
2024年 2 月20日　第 1 版　第11刷　発行

編著者　大阪工業大学　工学部　一般教育科
物理実験室

発行者　発田和子

発行所　株式会社 学術図書出版社
〒113-0033　東京都文京区本郷 5 - 4 - 6
TEL 03-3811-0889　振替 00110-4-28454
印刷　三和印刷（株）

定価は表紙に表示してあります.

Printed in Japan

ISBN 978-4-7806-1214-1　C 3042

実験記録

☆ レポート検印欄には、何通目のレポートか番号（1、2、3、4、5）を記入せよ。それ以外にはレポート報告者の名前を記入せよ。

☆ 出席検印を受ける前に、実験番号、実験題目、レポート検印の各欄を記入しておくこと。

回	実験番号	実　験　題　目	出席印	レポート印
1				
2				
3				
4				
5				
6				
7				
8				
9				
10				
11				
12				
13				
14				

学期	曜日	時限	班	科　年　—　番
期		・		氏　名

共同実験者	科　年　—　番	氏名
	科　年　—　番	氏名